皮革工艺

[手缝皮钱包]

日本 STUDIO TAC CREATIVE 编辑部 编

徐晓晴 译

vol. **2**

中原农民出版社

· 郑州 ·

看上去稍微有些复杂的皮钱包，

可能会因为具有一定的制作难度而吓倒一些人。

它需要专用工具以及技巧。

然而，皮革并不需要像布料那样折双层加工，

它本身就有一定的厚度，不加内衬也能使用。

事实上，皮革是创作处理上较为简单的素材。

本书汇集了一些不需要使用缝纫机和复杂处理技术的作品，

即便是初学者也能够轻松掌握。

希望你能够通过手工制作，领略到皮钱包的魅力：

能长期使用，其颜色也会随时间的流逝而渐变。

目录

contents

皮带组合。

长款钱包
使用方便。

左页：长款褶皱皮钱包（P126）
右页上：皮绳钱包（P66）
右页下：L形拉链式长款钱包（P162）

小巧精致。

左页上:弹簧口金钱包(P38)
左页下:带裆式蛙嘴小钱包(P50)
右页:蛙嘴口金钱包(P60)

多功能紧凑型。

左页:两折钱包(P76)
右页上:三折钱包(P88)
右页下:固定扣零钱包(P70)

皮革的基本知识

从皮到革

为了使动物的皮更加美观，制作时更加便利，人们利用各种"鞣制"的方法将其加工成革。目前市场上销售的皮革多数都是属于植鞣革和铬鞣革这两种。

植鞣革是指使用植物单宁所鞣制出的革，不易拉伸，是有张力的硬质革，适用于手工缝纫作品。在使用过程中，随着阳光照射程度的积累，颜色会逐渐发生变化。

铬鞣革是使用化学药剂进行鞣制的革，颜色和加工的变化种类繁多。与植鞣革相比，更加柔软且富有弹性，适用于使用缝纫机创作的作品。

● 延展方向

皮革是纤维构造的物质，根据其部位不同，延展的方向也是不同的。照片中是顺着箭头的方向延展的，制作皮带等需要顺着一定方向施力的物品时需要特别注意。建议在使用时轻轻着折弯材料，从而确认延展方向。不明确的地方向店铺咨询、确认。

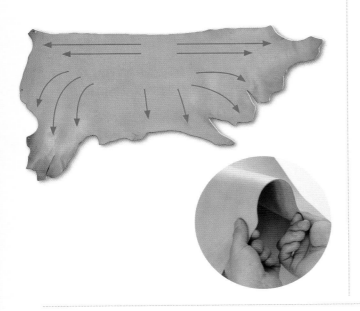

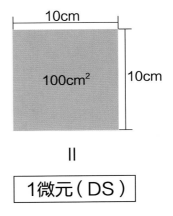

● 皮革的单位

皮革的单位叫微元（DS）。
1 微元是 $10cm × 10cm = 100cm^2$。

10cm

$100cm^2$ 10cm

Ⅱ

1微元（DS）

● 经常出现的词汇

〈银面和床面〉

左侧是银面，右侧是床面。银面指革的皮面，光滑顺平的一面。床面指革的肉面，粗糙且不光滑。有时需要打磨床面，防止起毛。

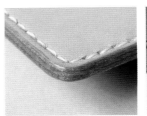

〈边缘〉

边缘是指皮革的切口部位。因为切口会起毛，所以植鞣革需要打磨处理，铬鞣革会将边缘折回，隐藏"缝边"，暗缝处理的情况较多。

● 挑选皮革的 3 个要点

① 硬度

有硬度的皮革适用于想要维持稳定形状的作品，而没有硬度的皮革则适用于内缝以及柔软的袋状物品。根据柔软度的不同，做出来的作品在氛围上就有很大的区别。柔软度随着革的种类不同而不同，最好的方法是用手触摸实物进行确认。

有硬度的皮革

具有很强的硬度，能够塑造出具有棱角的硬挺的作品。

没有硬度的皮革

像布匹一样柔软，能够塑造出松软氛围的作品。

② 厚度

皮革的厚度不同，其柔软程度也不同，尺寸大小也会受到一定的影响。制作时请参考作品制作页上所建议使用的皮革的厚度。需要注意的是厚度差很大的皮革有可能无法一起使用。

充分利用皮革削薄加工的服务

如果找不到厚度合适的革，也可以通过削薄床面来调整厚度。但是自己进行削薄加工是很难的，推荐利用皮革削薄加工服务。不同的店铺价格也会有所差异，需具体咨询。

③ 鞣制的种类

前面也提到过，皮革是通过"鞣制"这种加工方法得来的。由于植鞣革和铬鞣革在特征和性质上有较大的区别，所以请挑选适合作品的种类。

植鞣革

相对坚实且具有硬度。磨边后具有光泽，随着时间的流逝，颜色会逐渐变深，是能够欣赏到"经年变化"这一乐趣的皮革。

铬鞣革

相对植鞣革来说较柔软，拥有不易造型的弹性。边缘即使是打磨后也无法处理干净，所以适合内缝。颜色和种类的变化很丰富。

能在哪里买到皮革呢?

皮革的种类有很多,最好先确认好所需要的素材,再进行选购。如果是在网上选购的话,更应该仔细确认素材的信息,如有不明白的地方及时咨询。

皮革手工材料商店

皮革手工材料专门店中有各种各样的皮革和工具,并有皮革专业人士可供咨询。

量贩式商店

皮革手工材料非常有人气,像建材超市那样能够买到手工材料的量贩商店就有售卖。皮革种类因店铺不同而有所不同,需要向店家咨询。

网络

种类丰富,工具齐全,非常方便,但是在购买皮革时无法用手去触摸、感受,所以请按照之前说的三个要点仔细确认。

● 备齐基本工具的套装

推荐初学者使用的齐全的基本工具套装。比起一个一个地买,价格会便宜很多。

皮革手缝套装标准型(Craft 社) 12 600日元

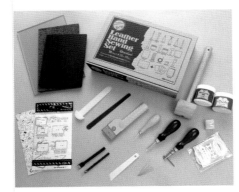

可替换式裁皮刀、三用磨边器、2齿和4齿的菱斩、圆锥、木锤(普通)、上胶片(20mm)、手缝针(圆针·细)、线蜡、手缝线(中·普通)、研磨片、削边器(#1)、挖槽器、白胶(100号)、床面处理剂、塑胶垫、橡胶板、地垫、入门指南、卡套制作套件。

皮革手缝套装轻便型(Craft 社) 8 190日元

※100日元约合6.5元人民币。请以当日的汇率为准。译者注。

● 手缝皮革的方法

用腿夹住

坐着的状态下,使用膝盖夹住皮革缝纫。

使用专用的台子夹住

手缝时,将皮革夹在两腿中间,或是使用专用的台子夹住皮革,固定后可以再用双手进行作业会很有效率。

手缝夹板

将皮革夹到台子中间,需要缝纫的部分放到上面进行手缝。

基本工具

作品不同，所需要的工具多少有些变化。
每个作品的制作页面中都有所需要工具的一览表，请仔细确认。

〈 裁切皮革所使用的工具 〉

裁皮刀

裁切皮革时使用。

换刃式裁皮刀

能够进行皮革裁切等作业。刀片可替换，比普通裁皮刀好用。

剪刀

不适合较厚的皮革。能够容易地裁剪曲线等线条。

圆锥

在皮革表面描上纸型的形状和印记。

曲尺

裁切时辅助用的度量工具，金属制L形量尺。

塑胶垫

裁切时铺在皮革下面的工具。既不伤刀具又能顺利裁切。

〈 打磨床面和边缘所使用的工具 〉

床面处理剂

涂抹后，在打磨时能够抑制边缘以及床面起毛。

边缘油

可直接涂抹在皮革边缘的处理剂。

三用磨边器

最基本的边缘打磨工具，也能用来引导缝线。

玻璃板

打磨床面时所使用的玻璃制的板子。

削边器

也称作倒角器，能去除皮革的毛边。

研磨片

棒状的研磨用具。一面略粗糙，一面略细密。

〈 贴合用的工具 〉

上胶片

均匀涂抹黏合剂用的上胶片。

透明强力胶

橡胶类合成胶水。须在半干状态下贴合。

橡胶胶水

天然橡胶黏合剂。黏着力较弱。

皮革专用白胶

水溶性的胶水。涂抹在需要贴合的两个面上，须于干燥前贴合。

〈 手工缝纫用的工具 〉

手缝针

手缝用的针。粗细、长短各不相同。

手缝线

手缝用的手缝线。打蜡后使用。市面上也有卖已上蜡的线。

线蜡

用于给线打蜡，增强顺滑度，防止使用时缝线受损和滞涩。

〈 加工缝纫孔用的工具 〉

菱斩

开孔时用的工具。刃的宽度和根数有很多种类。

菱锥

菱斩打不到时或需要扩孔时用的菱形锥子。

木锤

敲打菱斩等用的工具。

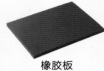

橡胶板

开孔时作为铺垫面。

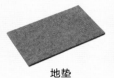

地垫

铺垫在橡胶板下面，缓解和消除打孔时的噪声。

间距规

测量以及画印时使用。

边线器

跟间距规相同，画印时使用。

挖槽器

可直接挖出缝线沟槽的工具。

〈 其他的工具 〉

圆斩

在需要装金属配件的位置上开圆孔用的工具。

固定扣打具

用于敲打、安装固定扣的工具。

牛仔扣打具

牛仔扣的固定用道具。

万用环状台

敲打、安装金属配件时铺垫用的台子。

银笔

用于在皮革上做记号。

单平斩

用于转锁扣及磁扣等金属扣眼的开口加工。

金属配件与工具对照表（2013年3月·Craft社工具）

编号	品名（扣类）	建议圆斩尺寸	编号	品名（打具）
1001	单面固定扣 极小（4mm）	6号	8270	特制固定扣打具（极小）
1002	单面固定扣 小（6mm）	8号	8271	固定扣打具（小）
1004	单面固定扣 中（9mm）	10号	8272	固定扣打具（中）
1005	双面固定扣 小（6mm脚长）	8号	8271	固定扣打具（小）
1007	双面固定扣 小（6mm双脚）	8号	8271	固定扣打具（小）
1006	双面固定扣 中（9mm脚长）	10号	8272	固定扣打具（中）
1009	双面固定扣 中（9mm双脚）	10号	8272	固定扣打具（中）
1010	双面固定扣 大（12mm脚长）	12号	8273	固定扣打具（大）
1014	装饰固定扣 中（9mm）	10号	8275	装饰固定扣打具（中）
1016	角形固定扣 中（9mm）	10号	8279	角形固定扣打具（中）
1041	四合扣 小（10mm）	8号 & 15号	8281	四合扣打具（中）
1042	四合扣 中（12mm）	8号 & 15号	8281	四合扣打具（中）
1045（46）	四合扣 大（13mm）	10号 & 18号	8282	四合扣打具（大）
1064	牛仔扣 中（13mm）	10号	8285	牛仔扣打具（中）
1066	牛仔扣 大（15mm）	12号	8286	牛仔扣打具（大）
1161	鸡眼扣 极小 No.300	15号	8331	鸡眼扣打具 No.300
1165	鸡眼扣 中 No.20	25号	8288	鸡眼扣打具 No.20
1167	鸡眼扣 大 No.23	30号	8289	鸡眼扣打具 No.23
1169	鸡眼扣 特大 No.25	30号	8290	鸡眼扣打具 No.25

各种各样的皮革

因动物的种类以及加工方法的不同，市售的各种皮革的质量与风格有很多，
在此只介绍其中的一部分。

● 动物的皮

除了普通的牛皮之外，还有鹿皮、猪皮等各种动物皮。
动物皮的材质、风格以及特征各有不同，最好能够根据作品的需要来进行区分和使用。

〈 牛皮 〉

最容易买到，是既结实又具有厚度的
皮革。根据牛的年龄不同，其性质和称
呼也不同。柔软的小牛的皮叫"Calf"，
成牛的皮叫"Cowhide"。

〈 鹿皮 〉

是既柔软又具有较高强度的革。常用
来制作皮包。主要分为较薄的"Deer
skin"以及厚实的"Elk skin"。

〈 猪皮 〉

具有独特的褶皱，较坚实耐磨。材质轻
薄，非常适合作为皮包的内里材料来
使用。

〈 羊皮 〉

属于纤维细密、材质轻柔的皮革。具有
平坦细腻的银面，手感顺滑，经常用来
制作服装装饰品。

〈 山羊皮 〉

银面的褶皱颇具野性，纤维细腻，皮质
柔软。比普通羊皮要厚，银面的耐久性
也相对较高，常应用于皮包以及服饰
的制作。

〈 其他皮 〉

蛇皮、鳟鱼皮、蜥蜴皮、鸵鸟皮等珍贵
皮革被称为"Exotic leather"。这些皮
革的魅力在于它们具有各自独特的个
性和质感。

● 银付革

银付革是最基本的皮革，根据制作方法分为以下三种。

〈鞣革〉

表面未经任何加工与染色的纯植鞣
革。此类皮革的"经年变化"现象显
著，且容易吸收水分与油脂，因此要
注意保存方式。

〈油皮〉

使皮革吸收适量的油脂后加工制成的
皮革。油皮比鞣革柔软，且具有耐水、
耐脏的特性。

〈染革〉

经染剂染色的皮革。染革大致可分为两
种，一种只于表面染色，另一种则会让
染剂完全渗透至内部组织，使切口面呈
现相同的颜色。

● **起毛革**　起毛革一般都是铬鞣革，会故意将皮革的纤维加工起毛，是加工得非常干净的皮革。
触感良好，材质自身的瑕疵也不明显，采购相对方便。

   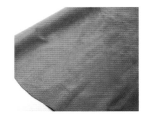

〈起绒革〉

床面被研磨片等工具打毛的皮革。手感像天鹅绒一般舒适。

〈绒面革〉

银面被削制后起毛的皮革。具有细腻的绒毛以及顺滑的手感。

〈丝绒革〉

没有银面，将两面床面起毛的皮革。其特征为表面的绒毛较长。

〈鹿皮〉

雄鹿皮的银面被削制、加工后起毛的皮革。其名称"Buck"是公鹿的意思。

● **表面加工**　为了给银面增加一些变化，有时会对表面进行特别加工处理。
种类变化丰富，颇具趣味。

   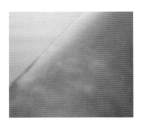

〈素革〉

表面不进行任何加工的皮革。为了和表面进行加工的皮革做区别时使用的称呼。

〈苯胺处理〉

使用染料染色，并在表面覆盖上一层透明的保护膜。在保存皮革品质风格的同时，兼具透明感和光泽。

〈颜料加工〉

给皮革表面涂上染料的处理工序。

〈摩擦加工〉

在植鞣革表面用玻璃和推轮打磨处理。

  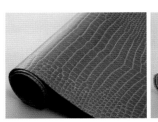

〈揉搓加工〉

通过揉搓加工给皮革增加细小的褶皱。

〈皱缩处理〉

在鞣制过程中，使用特殊的药剂处理出皱纹。

〈压纹加工〉

也叫压花处理，对植鞣革的银面进行冲压，增加质感。借此模仿鳄鱼皮等高级皮革，有处理成篮球花纹的，也有冲压成其他花样的皮革。

作品的制作流程

① 画线

在皮革上按照纸型形状描绘。用圆锥沿着纸型的边缘描摹，在银面上画线。

② 裁切

用裁皮刀裁切。

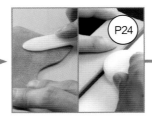

③ 床面处理和磨边处理

打磨皮革的床面以及切口边。

④ 贴合

使用黏合剂将部片贴合。

⑤ 开缝纫孔

使用菱斩加工缝合用的孔。

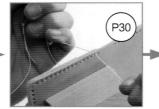

⑥ 缝合

将线穿入缝纫用的孔中，将其缝合。

⑦ 磨边加工

整理缝合部分的边，精加工打磨。

⑧ 牛仔扣的组装

⑨ 四合扣的组装

⑩ 原子扣的组装

基本技巧集

在此，将为大家化繁为简地介绍手工皮革的知识，
以及颇具代表性的基本技法。
对于初次接触手工皮革的初学者来说，
先理解此处的内容后再去进行手工作业会更加顺利。

① 画线

先将纸型描画到皮革上。如果是植鞣革，
则使用圆锥在银面上描摹纸型。这种做法叫作"画线"。

圆锥

在皮革表面画线和描摹纸型时使用。不容易画线和画印的皮革需要使用银笔。

1　纸型可以使用厚纸贴合，或是描摹后切下来使用。如果形状错误就没法加工整齐，描摹时需注意。

2　确认皮革的延展方向，有翻盖等弯曲加工部位的作品需要注意其加工方向。

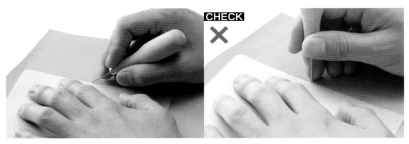

3　使用圆锥描摹纸型，在皮革的银面描画纸型形状。注意圆锥抬的角度过大会被卡住，导致画线不流畅。

4　肉眼能看到的微白色的线即是圆锥所画的线。

5　使用圆锥在手缝的基点以及孔的位置上戳点。

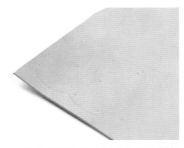

6　轮廓与基点以及开孔位置全部标记好的样子。

② 裁切

裁切用的工具主要有美工刀、裁皮刀等，可选用自己喜欢的工具，
此处使用的是换刃式裁皮刀。

①画线

②裁切

3 床面处理和
磨边处理

4 处合

5 开缝切孔

6 缝合

7 滚边加工

8 牛仔扣的
组装

9 四合扣的
组装

10 暗�扣的
组装

准备的工具

换刃式裁皮刀
裁切用刀具。

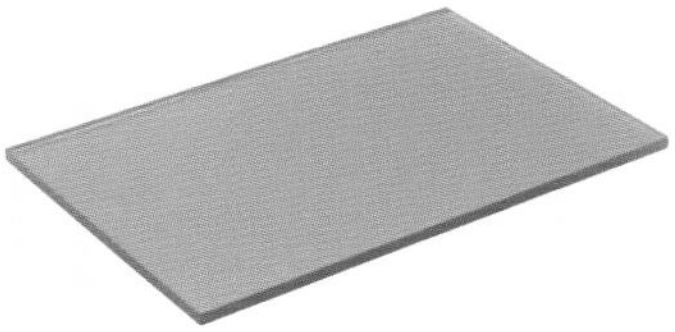

塑胶垫
使用时铺到皮革下面。若不铺垫塑
胶垫，裁切时会不流畅。

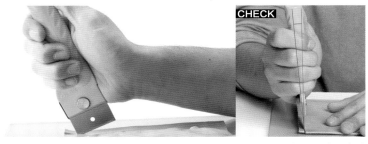

1　裁皮刀的正确握法。因为是片状刀，为了使刀刃笔直地对准切口，握刀时将刀身稍
微向外侧倾斜做放倒状。

2　裁切直线时，大开大合地使用刀具
能够避免发生偏离。

3　切最后一部分时，用力压着切。

4　切弧线和圆时，将刀刃立起来，尽
可能使用刃角切。裁切时，不操作
裁皮刀，转动皮革裁切效果会更
好。

5　切好的部片。同纸型对齐比较，确
认有无尺寸偏差。

③床面处理和磨边处理

如果是铬鞣革，那么床面不需要加工就能直接使用。对于切口的边缘部位，
一般使用床面处理剂等床面处理剂进行打磨处理。
把握好哪些边缘是必须在缝合前进行打磨处理的、哪些是缝纫完成后再进行打磨的。
较薄的皮革只需要使用研磨片进行轻微倒角处理。

床面处理

 准备的工具

床面处理剂
打磨床面和边缘时使用的床面处理剂。

三用磨边器
打磨床面和边缘用的工具，是通用性较高的工具。

玻璃板
打磨床面时使用的玻璃制的板子。

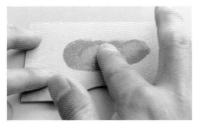

1　用手取少量的床面处理剂涂抹到床面。注意如果床面处理剂不慎沾到银面上，表皮会起褶。

2　干燥之前使用三用磨边器打磨，直到打磨出光泽为止。

POINT!

3　打磨较大面积的床面时，使用玻璃板会更加方便。

床面处理

准备的工具

削边器
用来将切口的毛边切掉的刀具。

研磨片
双面都是锉面。

橡胶板
作为台子使用。

棉棒
涂抹床面处理剂时使用。

1 　使用削边器将银面的边沿去掉。削边器#1刃宽是0.8mm，#2刃宽是1.0mm（Craft社产品），可根据皮革的厚度区别使用。

2 　用削边器将床面的边沿也去掉。

3 　使用研磨片将削边器的加工痕迹打磨掉，将边缘形状整平。

1.磨标
2.裁切
③床面处理和磨边处理
4.贴合
5.开缝闭孔
6.缝合
7.磨边加工
8.牛仔扣的组装
9.四合扣的组装
10.原子扣的组装

4 　使用棉棒在边缘部位涂抹床面处理剂。注意不要沾染到银面上。

5 　使用三用磨边器的边缘从床面一侧倾斜打磨，之后从银面一侧倾斜打磨。

6 　最后利用磨边器的沟槽部位从边缘方向（横）开始打磨。较厚的皮革则使用刮刀部位。

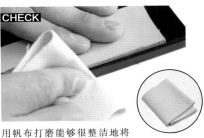

CHECK

用帆布打磨能够很整洁地将边缘部收尾。将其压到橡胶板上，用力打磨。

CHECK

Wood slicker是木制的磨边器，使用方便，用其前端和沟槽能够实施各种打磨加工。

7 　精加工后的边缘。像这样打磨到光滑、紧致、露出光泽为止。

▶打磨哪个边缘？

1 　制作时，好好研究部片，仔细考虑先打磨加工哪个边缘。

2 　做卡套的话需要将插卡口的部位先打磨好。

3 　先打磨插卡口部位的理由是：如果先进行组装的话，以后很难进行打磨加工。

④ 贴 合

将部片贴合时要使用黏合剂。水溶性黏合剂在贴合后、干燥之前还能做些微调整，橡胶系的黏合剂则不能调整，所以在贴的时候要慎重。黏合剂在使用时尽可能涂抹均匀。

上胶片

用该刮片涂抹黏合剂。刮片也有大尺寸的，根据需要选择使用。

皮革专用白胶

本书使用的基本黏合剂。涂抹到两面，在干之前将部片贴合。

透明强力胶

橡胶类合成黏合剂。涂抹到两面，晾干到不黏住的程度时粘贴、压接。

橡胶胶水

定位粘贴以及床面粘贴时用的黏合性较弱的天然橡胶胶水。涂抹到两面，胶水干燥后压接。

Three dyne

临时固定以及贴合内里用的较强黏性的天然橡胶黏合剂。两面涂抹后晾干压接。

1　将部片组合，贴合部位使用圆锥轻轻画上印记。

2　以步骤1画好的印记为基准，使用研磨片将四边3mm宽的缝份部分磨粗。

3　颜色变白的部分即为缝份。若直接在磨整好的肉面层上涂抹白胶，则贴合不紧，因此须先行磨粗。

4　在两侧的3mm宽的缝份上涂抹白胶。白胶干掉后会失去黏性，因此需要快速涂抹。

5　将端部对齐，贴合部片。

6　确认已经贴合完好后，使用三用磨边器压接。

使用滚轮能够压接得更紧实。由于是金属制品，在使用时注意不要将皮革的表面划伤。

7　在银面上进行贴合时，需要使用研磨片磨粗银面的贴合位置。

8　涂抹白胶，将部片贴合。银面如果不磨粗就直接贴合，容易贴合不紧。

9　白胶干后，使用研磨片将贴合后边缘的高度差部位整平。

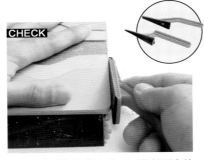

三角研磨器自带手柄，加工时能够更高效地将边缘打磨平整。

如果需要较大的修整或是好几张皮子叠加的边缘加工，则使用小型刨刀整平。

10　将周边的形状打磨平整后，贴合作业就完成了。

黏合剂的挑选方法　白胶的通用性很高，黏合力度强，大部分的项目都能够使用。但是具有硬化后扩张的特性，如果是需要柔和加工的项目，内侧涂抹的胶水最好选用橡胶系的黏合剂。另外，为了和五金等的不同材质的材料相黏合，需要黏合力度强的透明强力胶。再有，使用缝纫机加工时，为保证缝纫针的穿透性，必须使用黏合力较弱的橡胶胶水Three dyne。

⑤ 开缝纫孔

手缝时，先使用菱斩将缝纫用的孔加工好。
菱斩的间距（刃与刃之间的距离）不同，针脚的视感也会有所不同。

准备的工具 ···················· **画线** ····················

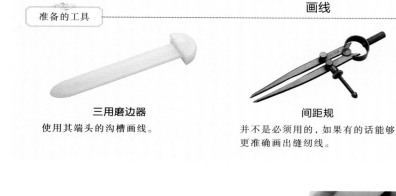

三用磨边器
使用其端头的沟槽画线。

间距规
并不是必须用的，如果有的话能够更准确画出缝纫线。

挖槽器
于较厚的皮革上加工缝线沟槽的工具。

1　三用磨边器的沟槽有3mm宽。

2　利用该沟槽画出3mm宽度的缝线。1.5mm以下厚度的皮革正反两面都能用三用磨边器画线。

使用间距规画线时需要将其调到3mm后再操作。间距规相对来说适合画精细的印记。

3　1.6mm以上的较厚的皮革使用挖槽器刨线。如照片所示，将螺丝拧松，顶着定规调节好宽度后再将螺丝拧紧固定。

4　固定好挖槽器的角度，刨线加工。角度制约着刨出凹槽的深度，固定好角度才能加工均匀。

5　线槽加工好后的样子。然后对齐线槽，进行开孔。

加工缝纫孔

1 画线

2 裁切

3 床面处理和磨边处理

4 贴合

⑤开缝纫孔

6 缝合

7 磨边加工

8 牛仔扣的组装

9 四合扣的组装

10 膝子扣的组装

准备的工具

菱斩

加工菱形的缝纫孔用的工具。

圆锥

加工基点孔。

橡胶板

配合菱斩加工的台子。

地垫

垫到橡胶板下面使用。

木锤

开孔时，敲打菱斩的工具。

1　将手缝的起点和终点、边角以及"高低差处"作为基点，使用圆锥加工缝纫孔，能够将其加工得整洁、美观。

2　将菱斩垂直对准皮革，从正上方使用木锤敲打。如果菱斩的刃从倾斜状态打进去的话，手缝时针脚会不整齐。

3　为了减少缝纫孔的间隔差异，先在基点和基点之间较短的部位预先均等调整好间隔。

4　按照步骤3所加工好的印记打孔。

5　使用菱斩在基点的孔跟孔之间打孔。

6　直线部分使用4齿的菱斩打孔，将一个齿插到前一个打好的孔中，以凿出等距缝纫孔。

7　到下一个基点约剩10个孔的位置时先暂停，轻轻地压下印记，调整间隔，使其前后对称。

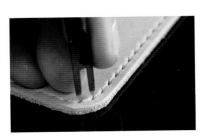

8　曲线部分使用1齿或2齿的菱斩开孔。

9　必要的缝纫孔加工好后的样子。确认孔是否彻底贯通。

⑥ 缝 合

将线穿到缝纫孔中进行缝合。此处使用的是打蜡后的手缝线，
请预先准备好已经打好蜡的尼龙线等自己喜欢的线。

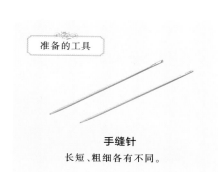

手缝针

长短、粗细各有不同。

手缝线

打蜡后使用的手缝线。

线蜡

涂抹在手缝线上的蜡。具有加强线
的韧性的效果。

1　虽然根据皮革的厚度不同会有所
变化，但是一般准备的线的长度是
缝纫距离的4～5倍。

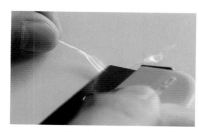

2　将线的端头用换刃式裁皮刀削薄。
削薄后再打蜡，端头会紧凑、合拢，
变得纤细，容易穿到针孔中，缝纫
加工也会更方便。

3　将线压到蜡上拉拔，如右图所示压
蹭到能够立起来为止。这项作业叫
作"上蜡"。

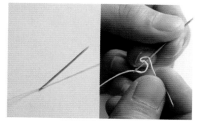

4　将上好蜡的线穿到针孔里。将穿好后
的线按照右侧照片所示用针尖穿刺2
次。

5　将扎好后的线放到针的后面（针孔一
方），将线的端头拉抻、捻细后就固定
了。

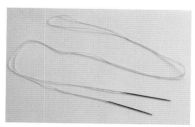

6　像这样将针装配到线的两个端头。

7　基本是先倒针缝两针再开始缝合。从开始缝的孔往后的第二个针孔开始穿线。

8　抽出针，使左右分出来的线的长度一致。

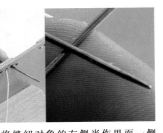

9　将缝纫对象的左侧当作里面一侧进行缝纫，从里面一侧穿针。先从缝纫始点方向倒针缝。

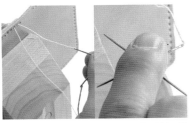

10　将右边针重叠于左边针的下侧，拔出针后直接用右手翻回，再用右边针对准针孔。

11　将右侧的针穿到左侧线出来的针孔中。然后将线拉出，拉紧。

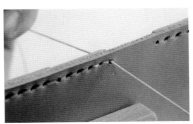

12　倒针缝到开始缝纫的针孔为止。线的拉紧程度需要结合皮革的厚度以及硬度来做适当调整。拉抻线时力度均匀适中，不要将皮革拉皱。

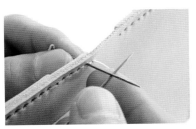

13　按照缝纫的方向（手前方）继续加工。缝的时候从里面一侧（左）穿针，同右边的针重叠后拔出。

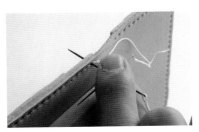

14　将重叠的针翻回，用右边的针从右侧插入相同针孔。针扎到线上会导致线绽开，因此须将针穿入线和孔之间的缝隙中。

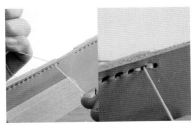

15　倒针缝两针的倒针部分就像这样，线是重合着的。重复步骤13、14，继续向前缝。

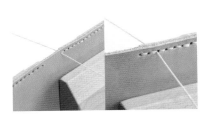

16　缝到端部的针孔时，倒针缝两针，将线从两侧拉出后缝纫就完毕了。

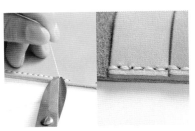

17　将两侧拽出的线头尽可能在接近其根部的位置剪掉。

18　使用木锤的腹部轻轻敲击针脚，将线敲打得更紧致。

⑦ 磨边加工

将最后缝合部分的边缘修整、打磨。
加工顺序为倒角、研磨片打磨、涂抹床面处理剂、磨边器打磨。

1　使用削边器将缝合后的边沿削掉。

2　里面一侧的边沿也需要削掉。高低差部位需分段进行。

3　使用研磨片将缝合后边缘的凹凸部位打磨均匀、平整。

4　倒角后的边使用研磨片打磨光滑。

5　在边缘部涂抹床面处理剂。如不慎沾到银面上会导致其发生褶皱，加工时需特别注意两侧银面。

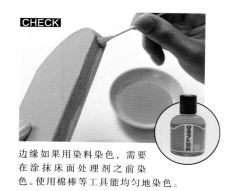

CHECK

边缘如果用染料染色，需要在涂抹床面处理剂之前染色。使用棉棒等工具能均匀地染色。

6　按照背面、正面、侧面的顺序打磨涂抹完床面处理剂的边缘。

7　边缘打磨好的样子。若对皮革边缘再次进行染色的话，使用比皮革颜色更深一点的颜色会使整体显得张弛有度。

8　这样，磨边加工就完成了。

⑧牛仔扣的组装

牛仔扣的附着力很强，是名副其实的能够用在牛仔服饰上的金属扣。
皮革工艺中主要将其作为钱包和皮包等的固定扣来使用。

牛仔扣

常用的牛仔扣的尺寸为大号和中号。主体主要有公扣和底座，盖子上装有母扣和面盖。固定力度较强，不适用于较薄的部位。

牛仔扣打具

固定牛仔扣所使用的工具就是这个牛仔扣打具。有大号和中号两种型号，选择与所使用的牛仔扣相匹配的打具。

▶**公扣和底座**

1   选择与底座大小匹配的圆斩，在需要组装的位置上开孔。中号选用10号圆斩、大号选择12号圆斩（Carft社工具）。

2   将底座从里面一侧穿进步骤1所开的孔中。

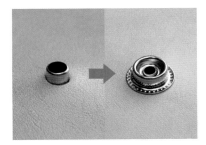

3   将底座穿进去后，确认其脚部是否从银面出头2~3mm。在其上面装上公扣，脚部约有1mm的出头。

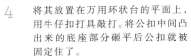

4   将其放置在万用环状台的平面上，用牛仔扣打具敲打。将公扣中间凸出来的底座部分砸平后公扣就被固定住了。

▶**面盖和母扣**

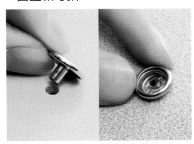

1   配合面盖头部的粗细（同底座尺寸相同）开孔，将面盖和母扣组装到一起。确认出头1mm左右。

2   使用万用环状台上与面盖的大小相吻合的凹坑与之配合作业，用牛仔扣打具进行固定。

3   两侧都组装好后，将其反复开合，确认是否牢固。

⑨ 四合扣的组装

在皮革工艺所使用的金属扣当中，最经典的款式就是四合扣。
开合容易，使用便利。由于底座长度有限，所以只能用在厚度 2mm 以下的皮革上。

准备的工具

四合扣
四合扣有大、中、小3种尺寸。

四合扣打具
专用的四合扣打具中，母扣用和公扣用的打具形状不同。

隐形扣面
想要将面盖内侧加工平整时使用，可代替面盖使用的平坦部件。

▶ 底座和公扣

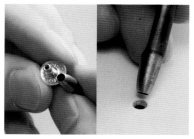

1　选用和底座相符合的圆斩进行打孔。大号选用10号圆斩，中号、小号选用8号圆斩。

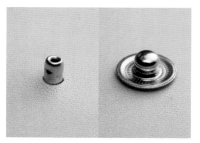

2　从内侧穿进底座后放置到万用环状台上，将公扣组装到底座出头位置。底座必须出头3mm左右。

3　使用公扣用的打具（前端凹陷下去的那端）将其固定住。用木锤多次敲击。固定好后试着转动公扣，固定得结实就好。

▶ 面盖和母扣

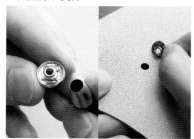

1　母扣的组装孔需要参照母扣凸起部的粗细进行开孔加工。大号选用18号圆斩，中、小号选用15号圆斩。

2　将母扣从内侧穿进孔内，从正面将面盖插进去组装好，放置到与万用环状台的凹坑尺寸相吻合的位置。

3　使用母扣用打具（端头凸出的一端）将其固定。须要注意，如果母扣浮起来，则说明没有固定好。组装好后试着旋转母扣，如果无法转动，说明没有问题。

⑩ 原子扣的组装

直接在皮革上加工固定孔的原子扣是比较适合用于铬鞣革上的金属扣。
经常用于折边部位。由于不怎么显眼，所以也适用于压花等作品中。

准备的工具

原子扣

螺丝组装方式，尺寸有5mm、6mm、10mm等。

单平斩　螺丝刀

单平斩用于加工固定孔，螺丝刀用于固定原子扣。

▶ **组装原子扣**

1　组装孔按照原子扣的螺丝粗细尺寸加工。5mm、6mm、10mm的原子扣均选用10号圆斩。

2　从内侧将原子扣的螺丝部位穿进孔内。确认螺丝部分从正面出头约4mm。如果螺丝的长度不足则会导致原子扣固定不牢靠。

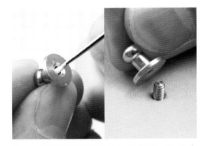

3　在扣头内涂抹少量的白胶，拧进皮革表面出头的螺丝中。白胶能够填补空隙，防止松弛。

4　用手拧到一定程度后，使用螺丝刀锁紧。锁紧时原子扣的台座部分不要嵌入皮革中。

▶ **加工固定孔**　※ 孔和切口的尺寸按照原子扣和皮革的厚度进行调整。在此举一个例子进行示范，将 6mm 的原子扣安装在 2～3mm 厚的皮革上时的加工方法。

1　如果是6mm的原子扣，在原子扣的位置往上7.5mm处做记号，画上线将其连接到一起。

2　6mm的原子扣使用12号和6号圆斩在孔的位置上画上印记，然后开孔加工。

3　使用单平斩将2个孔之间的部分切开，将2个孔连接。刚开始使用的时候皮革的手感较硬，使用一段时间后会越来越顺滑。

Let's make!

皮革钱包的制作方法

这里有各种款式钱包的制作方法的说明。

因为正式制作是从皮革裁切好后开始的，

所以须要参照折叠页的纸型，提前将各个部片准备好。

弹簧口金钱包

成品的大小：高约 10cm，宽约 9cm

这个使用弹簧口金的钱包，
其特点是使用简便，能够用一只手开合。
钱包的正面使用海绵和固定扣凸显抑扬感，
是非常质朴且具有存在感的设计。
因为使用柔软的皮革，采用内缝加工方法，
所以整体轮廓具备了柔和的外观。

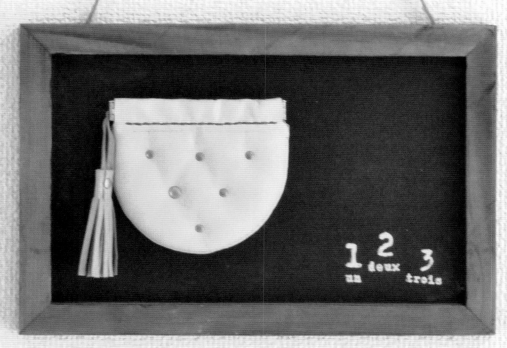

制 作 的 流 程

在两片主体部片间塞入海绵并贴合好。

在主体正面部片上安装固定扣将其固定住。

制作主体正面、床面金属口金穿过部分。

将穿过口金部分缝合后，将主体也缝合。

将缝合好后的主体翻回到正面，同口金组装。

制作装饰用的流苏，装配到主体上后即完成。

工 具 & 材 料

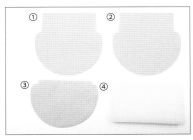

①正面部片　②背面部片　③正面部片的内贴部片　④海绵　⑤口金轴
⑥口金　⑦固定扣(中号1套、小号5套)

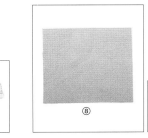

⑧流苏材料　⑨固定扣(中号1套)
⑩一条长140mm、宽30mm的皮革绳

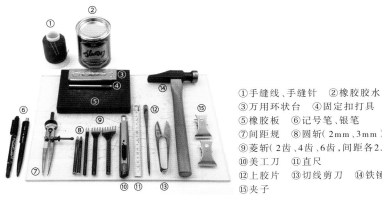

①手缝线、手缝针　②橡胶胶水
③万用环状台　④固定扣打具
⑤橡胶板　⑥记号笔、银笔
⑦间距规　⑧圆斩(2mm、3mm)
⑨菱斩(2齿、4齿、6齿，间距各2.5mm)
⑩美工刀　⑪直尺
⑫上胶片　⑬切线剪刀　⑭铁锤
⑮夹子

●使用的皮革

选用风格独特的柔软猪皮。此种皮表面具有独特的皮纹，手感舒适，能代替铬鞣制的牛皮等皮革使用。厚度约0.9mm。

① 制作正面部片

为了展现钱包膨胀感的这一特点，
需要在正面的部片里加入海绵。

1 按照纸型形状，使用记号笔在海绵上画线。

2 纸型的轮廓线描画到海绵表面后的样子。

3 沿着纸型的轮廓在主体部片床面上画印。

4 按照轮廓画好印记后的床面的样子。

5 在银面一侧画上正面固定扣的位置，并在正面部片的内贴部片相对应位置上也画上记号。

6 沿着画好的线裁切海绵。

7 只在海绵的单面涂抹胶水。

8 海绵的侧边也要涂抹胶水。

9 在内贴部片的床面涂抹胶水。

10 在主体正面部片的床面两条线的下侧部分涂抹胶水。

11 将海绵涂抹胶水的一面与主体正面部片相贴合。

12 将与主体部片贴合后海绵的另一面也涂抹上胶水。

13 用主体的正面部片和内贴部片夹着海绵，对齐位置，贴合好。

POINT!

14 将内贴部片和正面部片画的2条线的上侧对齐。

15 海绵上面侧边也要涂抹胶水。

16 一边压着海绵，一边将主体部片对齐贴合。

17 为了将海绵完全收纳在两片皮革之间，将边缘都贴合好。

18 将海绵收纳到两片皮革中后，中间就会像这样膨胀起来。

②将固定扣作为装饰安装上

该钱包设计上的特点就是海绵和固定扣组合后表面展现出的抑扬顿挫感。

1　在正面部片已画好印记的位置上，用圆斩加工固定扣用的组装孔。

2　将固定扣穿进步骤1中加工好的组装孔中。先从正面将面盖组装上。

3　将海绵挤压成扁平状态的同时，从里面一侧将底座穿进去，与面盖对接，组合好。

4　固定扣安装好之后从正面一侧看的样子。依次确认固定扣的大小和配置位置。

5　从里面一侧看的样子。依次确认面盖和底座是否已组装牢固。

6　敲打固定扣时，将里面一侧（床面）尽量放平，将万用环状台的平面部分作为打台。

7　用固定扣打具将其固定。敲打时垂直敲击，不要将固定扣打歪。把握好敲击力度，不要将面盖敲坏。

8　固定扣固定好后，表面会像这样具有抑扬顿挫感。

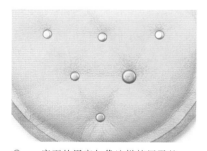

9　床面的固定扣像这样挤压平整。

③贴合口金部分

现在开始制作穿口金的部分。
贴合时对齐纸型的画线和印记。

1 　在背面部片床面的画印部位涂抹胶水。

2 　在背面部片床面上侧的边缘处约5mm宽度的位置上涂抹胶水。

3 　正面部片上侧也同样在边缘约5mm宽度的位置上涂抹胶水。

POINT!

4 　正面部片贴合部位的画印处也需要涂抹胶水。由于海绵有一定厚度会影响操作，像这样折弯后再涂抹效果较好。

5 　胶水达到半干状态后将端头部分折回，对齐印记贴合。

6 　正面部片也同样将端头部分折回，对齐印记贴合。

7 　沿着纸型上侧切口形状画线。

8 　用菱斩沿着缝纫线迹加工缝纫孔。缝纫孔要一端连着一端地加工。

9 　正面部片和背面部片的口金部位的缝纫孔加工后的样子。

弹簧口金钱包

④缝合各个部分

将主体的各个部分缝合。
因为主体部分是内缝，线迹会反映到表面，所以缝纫的时候需要做到表里兼顾。

1　准备好针和线，从第一个孔开始缝纫。

2　一直用平针缝纫。

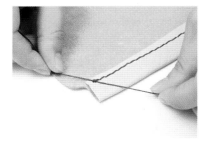

3　缝到最后一个孔时，将线从正反两面分别拉出来后打个双结。

4　将多出来的线头剪掉。

5　用铁锤击打缝纫好的针脚使其服帖。

6　正面部片的口金部位也同样使用平针缝合。

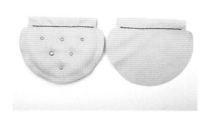

7　口金部位缝合好后的样子。接下来将正面部片和背面部片缝合。

8　主体部分是内缝，需要在两个部片的表面一侧边缘处约5mm宽度范围内涂抹胶水。

9　将两个部片的表面一侧涂抹好胶水后，等待其达到半干状态。

10 胶水达到半干状态后，将两部片贴合，注意不要贴偏。

POINT!

11 两部片贴合好后，使用铁锤击打、压接贴合部分。

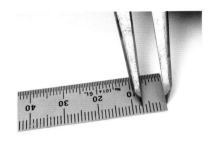

12 用间距规画出缝纫线迹。将间距规的宽度设定到7mm。

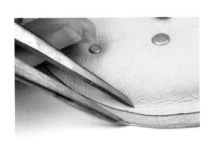

13 将间距规的前端架到主体的边上，从边缘约宽度7mm处开始画线。

POINT!

14 使用2齿的菱斩对齐画好的缝纫线迹，加工缝纫孔。

15 主体缝纫孔都加工好后的样子。

16 主体部分也是从第一个孔开始缝纫。

17 平针缝纫。由于皮革质地较柔软，缝纫时注意不要过度拉抻。

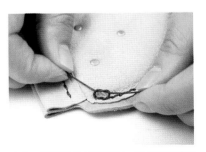

18 缝纫到完结部位时，将缝纫线打2个结固定。

19　主体部分缝合好后的样子。这是里面一侧缝合好后的样子，然后将其翻到正面。

20　打开主体缝合好的敞口部位，将正面翻出来。

21　翻到一半的时候，从敞口向中间推压。

22　将主体翻到正面之后，用手指伸到里面推压各个端角。

23　翻到正面并将形状整理好，主体就算完成了。

24　确认里面形状是否整理得当。如果胶水有从主体的针脚处漏出的现象，用生橡胶块等工具将其去除。

CHECK

虽然说内缝项目的针脚不会露到正面，但是如果缝纫孔操作不仔细的话，缝好翻到正面后，内缝时的外部线迹轮廓会变得歪歪扭扭。虽然没有切边，但并不意味着不需要对边缘部分进行整理，需要仔细画线并严格按照画好的缝纫线迹加工缝纫孔，缝纫时也需要沿着一定的方向交叉缝纫。

⑤组装口金

弹簧口金是一种在两端使力就会打开、泄力后就自动合上的较为简单的金属部件。
其特点之一就是组装时不需要使用打具等专用加工工具。

1　弹簧口金是一侧的轴芯能够卸下来的构造。

2　将口金穿到主体的敞口部位。先穿进一侧。

3　穿进一侧之后，将另一侧一边弯曲着一边穿进去。

POINT!

4　口金两侧簧片都穿进去后，将未固定一端的合页部分对齐，组合好后插入轴芯固定。

5　因为口金的合页部分被设计成不会向外冒出来的构造，所以组装上口金后也不会影响作品的形状。

6　需要注意如果口金的簧片与簧片分别所穿过部分的长度不一致的话，会起褶皱或导致合页部分冒出来。

7　试着将口金开关几次，确认是否牢固。

⑥组装流苏

制作装饰用的流苏，并将其组装到钱包上。
选择和主体颜色不同的颜色搭配制作。

1　这是切好的流苏部片。以皮绳为轴心，将主体卷起来。

2　将流苏部片翻到床面，上沿约10mm宽度范围内薄薄地涂抹一层胶水。

3　将皮绳对折后分别贴到流苏部片两端的位置上。之后将皮绳端头部分涂抹上胶水。

POINT!

4　以皮绳为轴心卷起流苏部片，卷到剩10mm左右时，在卷好部分的表面一侧涂抹胶水。

5　流苏部片整体都围绕皮绳卷好后，最后的一部分与步骤4所涂抹胶水部位贴合固定。

6　使用圆斩在卷好部位上开孔，安装固定扣，将流苏固定好。

7　在钱包主体上开一个约5mm长度的切口。注意切口不要开得过大，只要能将流苏的皮绳穿进去即可。

8　将流苏的皮绳穿进步骤7所开的切口中。使用端头较细的刮片等工具将皮绳捅进切口中。

9　将流苏主体穿进已穿过切口的皮绳内固定。做完以上步骤就算完成了。

Tokyo Toff

利用皮革的柔软度
打造出富有魅力的作品

以婴儿鞋和女性用鞋为中心，销售各种原创皮革产品的 Tokyo Toff（东京名人）是其法人大河汀从设计到制作一手打造出的私人品牌。大河小姐所制作的婴儿鞋获得了"2012年度日本皮革对决"的优秀奖。运用皮革的柔软度展现女性魅力是其作品的创意所在。

另外，她还开设了名为"生活名人"的手工皮革教室，为初学者创造并提供了能够从最简单的作品开始学习到能够挑战制作较正式的鞋子为止的场所和平台。教室主要以年轻人为中心，气氛和谐。还有一个让人惊喜的特点是晚上也有课程，这样下班后也能去上课。2012年开业的新工作室兼教室距离都营地铁大江户线的藏前站不远，徒步1分钟即可到达。

a. 各种式样变化丰富的可以被称作主打产品的婴儿鞋。　b. 获取日本皮革对决奖杯的大河小姐。　c. 为侄女制作的儿童用靴子。　d. 工作室备齐了各种各样的工具。　e. 婴儿用的鞋子。

"生活名人"教室介绍
星期二　14：00~16：00/19：00~21：00
星期三　19：00~21：00（1节课2小时）
星期六、星期日　14：00~17：00（1节课3小时）

Shop Data

〒 111-0043
日本东京都台东区驹形 2-3-5
驹形武藏野公寓 103 号
电话：03-6802-8827
传真：03-6802-8896
邮箱：info@tokyotoff.com

带裆式蛙嘴小钱包

成品的大小：高约14cm，宽约17cm

是一种带裆的硬挺有型的蛙嘴式钱包。

里面还设置了带卡套的衬布，使用起来很方便。

中间的褶皱也是其设计亮点之一。

使用美工刀将主体部片褶皱部分的床面斜着进行削薄加工。

给主体部片加工褶皱。

将主体部片和裆缝合。

制作带夹层的内衬。

将主体部片和带夹层的内衬部片组合后,装上口金就完成了。

工 具 & 材 料

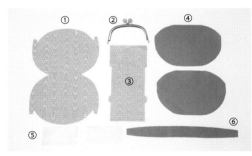

①内衬部片
②蛙嘴口金
 (12.5cm×5.5cm,不包含球体部分)
③卡套内衬部片
④主体部片×2
⑤黏合衬片×2
⑥裆片

● 所使用的皮革

使用厚1.3mm的山羊皮(铬鞣革)。由于要加工褶皱,所以建议使用张力小且较柔软的皮革。

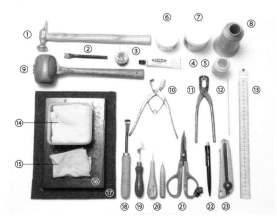

①铁锤　②菱斩(间距4mm)
③手缝针　④透明强力胶
⑤蜡线　⑥床面处理剂(打磨剂)
⑦白胶　⑧线(缝纫内衬时使用)
⑨木锤　⑩钳式工具
⑪金属压钳　⑫竹签　⑬直尺
⑭湿布　⑮棉纱布　⑯橡胶板
⑰垫布　⑱⑲铲状工具
⑳圆锥　㉑皮革裁切剪刀
㉒银笔　㉓美工刀

熨斗
※贴合黏合衬片以及加工内衬部位的卡套弯折折痕时使用。

① 褶皱部分的削薄加工

由于 2 片主体部片中央部位都需要加工褶皱，
所以需要使用美工刀对皮革内侧（床面）进行削薄加工。

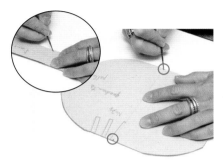

1 用圆锥在主体部片和裆的上下中心位置处画印。

2 然后在主体部片的褶皱加工部位画印。

3 与纸型对齐，用银笔将褶皱部位的印记描画到主体部片上。

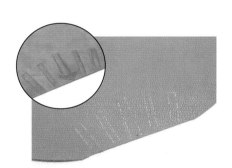

4 银面、床面两面都要描画好。

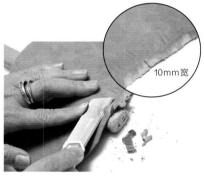

10mm宽

5 将铁锤手柄垫在印记下面，斜着驱使美工刀削薄床面印记部分10mm左右的宽度。

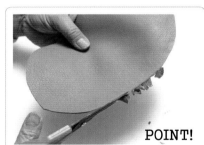

POINT!

6 如照片所示，如果不能很好地剥落削薄加工部分，则使用剪刀将其剪掉。

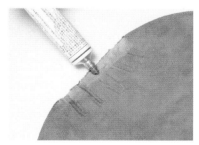

7 在步骤3中床面上所画印记的内侧部位涂抹透明强力胶。

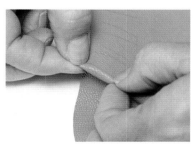

8 从银面沿着印记中心对折印记部分。

9 对折后的部位用铁锤敲击、压接。剩下的四个印记部位也同样按照此方法加工。

②缝纫主体的褶皱部位

削薄后加工出的折痕部位使用 1 根手缝针进行缝纫。

1　沿着贴合部位的印记，使用菱斩在 5 条褶皱部位加工缝纫孔。

2　使用一根手缝针缝合。如上图所显示的样子穿好线。

3　先从床面一侧开始缝纫。

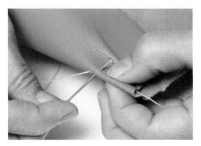

4　如图，将手缝针穿入第二个孔。缝纫时用手将未穿针的线头压住，防止其脱线。

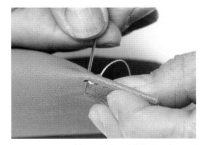

5　再缝回第一个孔，同步骤4方法再穿回第二个孔。

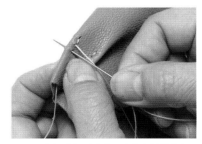

6　缝纫进行到步骤5后改为并排缝纫。

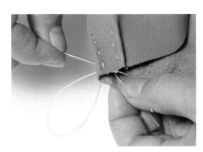

7　缝到最后一个缝纫孔时，将针扎进床面一侧，手缝线要从床面拉出来。

8　将手缝针穿进针脚中，在没穿针的线头附近拉出。

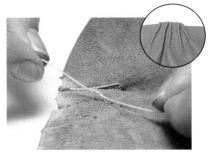

9　将手缝针从手缝线上取下来，和另一侧的线头打结固定，多出来的线头剪掉。重复相同作业内容，加工主体2个部片的褶皱部位。

③缝合主体和档片

将加工好褶皱部分的 2 片主体和档片缝合。
档片部分和褶皱部分加工方法相同，也是使用一根手缝针缝合。

1　准备好主体的2个部片和档片。

2　将主体其中一片的外围涂抹强力胶。如果涂抹少量强力胶的作业还不熟练，可以使用上胶片。

3　在档片的一个侧边也涂抹强力胶。由于档片是缝好一侧再缝另一侧，所以现在只在红线示意部位涂抹强力胶。

4　将主体部片和档片中心位置画好的印记对齐并贴合。

5　将主体部片和档片的两端贴合。

6　将中心和两端之间的部位贴合。因为主体部片呈弧形状，所以贴合时需要注意档片的角度。

7　其中一个主体部片和档片贴合好后的样子。

8　在主体的外围，利用菱斩的刃部，在皮革的边缘部位画上缝纫线迹。

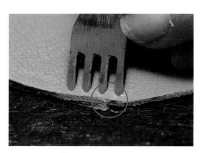

9　从主体的正面开始，沿着缝纫线加工开孔。最开始的孔不要开到档片上，注意在加工时要避开档片。

Borsa Borsa

由意大利当地的技艺与感性孕育出的优雅悦目的皮包。

在神户三宫有一间位居高台并能看到海洋的皮包教室"Borsa Borsa"。在此能够学到意大利皮包原汁原味的基础技艺。

塚本小姐所做的皮包都具有个性的金属扣。这些可爱且独具个性的金属配饰都是塚本小姐费时、费力搜寻到的。她会定期赶往欧洲进行搜寻和定做。

使用这样讲究的金属扣制作成的皮包独一无二，个性十足。其品牌"BORSARICA（皮革利卡）"也因此虏获了众多的女性。皮包教室每月会在东京举办一场宣传会，对于希望拥有不拘泥于形式的原创皮包，并且想要认真学习皮包制作的人来说，值得一看。

a. 原创的皮包作品。　b. 可以从零开始学习缝纫机的使用技巧。
c. 皮包制作师塚本千惠美小姐。　d. 教室旁边的工作室。具有独创性的皮包在此诞生。　e. 宽广的教室。

Shop Data

〒650-0003
日本兵库县神户市中央区山本通 3-19-33
电话：078-222-8578
〈神户〉教室：10：30 ~ 17：00
　　　　　　每月第 1 周或第 2 周中的 1 天
〈东京〉教室：10：30 ~ 16：30
　　　　　　每月第 1 周的周三
※ 详情请电话联系。

蛙嘴口金钱包

成品的大小：高约11.5cm，宽约15cm

是附有内衬的蛙嘴口金形式的钱包。

将4片皮革内缝组合，再用口金将其固定住。

底部设计得较为宽阔，

许多小一点的物品都能被收纳进去。

制作的流程

将4片皮革的床面当作正面贴合。

将贴合好后的部分缝合。

将主体翻到正面和内衬对齐，装上蛙嘴口金就完成了。

道具 & 材料

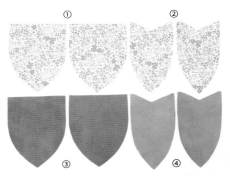

①正面(内衬2片) ②侧面(内衬2片) ③正面(皮革2片) ④侧面(皮革2片)
⑤蛙嘴口金(宽度12cm、不包括拧合部位的高度为5.5cm)、纸绳

● 使用的皮革

使用带有皮纹的厚度为1mm的牛皮(铬鞣革)。推荐使用轻薄、柔软的皮革。

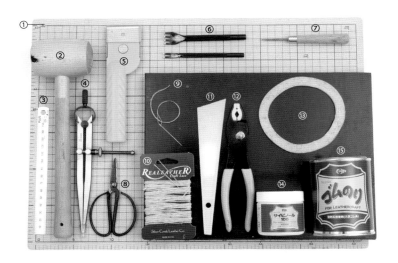

①橡胶板 ②木锤 ③直尺 ④间距规
⑤可替换式裁皮刀 ⑥菱斩(2齿、4齿，间距各4mm) ⑦圆锥 ⑧切线剪刀
⑨手缝针 ⑩手缝线 ⑪上胶片 ⑫钳子
⑬双面胶(3mm宽) ⑭白胶 ⑮橡胶胶水

① 将 主 体 贴 合

将正面、侧面皮革的床面当作正面贴合。
贴合时要严丝合缝地对齐端部，一边调整位置，一边贴合。

1　参照纸型形状，将正面和侧面用的皮革各裁切2片。

2　使用间距规在皮革的银面上画宽度为4mm的缝纫线迹（上部除外）。

3　在缝纫线迹的外侧涂抹橡胶胶水。

4　侧面皮革上也要涂抹橡胶胶水。

5　橡胶胶水干后，以正面皮革的线为基准，将侧面皮革一边调整位置，一边与之对齐贴合。

6　另一组也是按照相同做法贴合。

7　将两组从底部开始贴合。贴合时底部部位稍微折弯一点，使其向中心位置靠拢。

8　端部需要严丝合缝地对齐，一边调整位置，一边对齐贴合。

9　贴合好后的样子。

② 缝合

将主体部分粘贴好后缝合。
请准备材质轻薄的内衬。

1　4个边都使用间距规画上宽度为5mm的缝纫线迹。

2　用4齿菱斩加工缝纫孔。弧度部位使用2齿的菱斩加工。

3　开始缝纫时，端部需要用双层线缝纫。由于皮革较为柔软，需要注意加工力度。

4　缝纫到底部时，继续缝合其相反一侧的边。

5　缝合到最后，将手缝线甩到外侧，打两线结后剪掉线头。

6　另一侧也缝合。

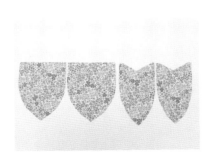

7　内衬按照纸型形状，各裁出2片。

8　按照同皮革一样的方法贴合，同"回元针"方法缝合。

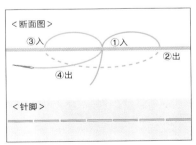

9　回元针是按照图中①~④的顺序的缝法。从正面看，针脚就像缝纫机缝出来的一样。

③组装蛙嘴口金

将内衬和主体的皮革贴合后，组装蛙嘴口金。

使用插入纸绳式的蛙嘴口金。

1　为了减少重叠部位，斜着将开口部位的边裁掉2mm左右。

2　在开口部的一周粘贴双面胶。

3　注意不要将双面胶碰掉，将主体翻到正面。

4　进行蛙嘴口金的组装加工。该项目选用的是使用插入纸绳式的口金中的类型。

5　内衬不用翻面，填进主体中对齐即可。

6　一边对齐端部，一边将部片贴合。

7　主体和内衬贴合好后的样子。缝合好后的角部要整理对齐。

8　在蛙嘴口金内部涂抹白胶。注意不要涂抹过多。

9　在皮革和衬布的端头放上纸绳，塞进口金的内部。

10 将缝合部分整理成端角部。

11 将口金端头部位的纸绳剪掉。

POINT!

12 将挤出来的纸绳塞进口金沟槽中，直到看不到为止。

13 使用钳子将蛙嘴口金的端部轻轻挤压固定，防止材料漏出来。

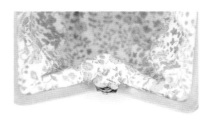

14 将两边都塞进口金中。如果黏合剂溢出来，则将其擦拭干净。

15 口金打开时的样子。

16 从侧面看的样子。能看到缝纫的线条收入到端角部。

CHECK

17 完成。最后按照个人喜好加上金属片等装饰物。

皮绳钱包

成品的大小：高约9.5cm，宽约18cm

将主体部片内缝成袋状，
做成用皮绳固定的简单钱包。

工具 & 材料

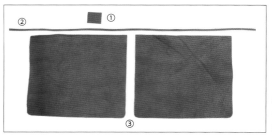

①皮绳装饰
②皮绳
③主体部片×2

● 使用的皮革

使用厚0.8mm的牛皮（植鞣革）。
由于需要内缝，建议使用轻薄且
张力较小的皮革。本书使用的是
植鞣革，如果最后不想用水打湿
整形的话，也可以使用铬鞣革。

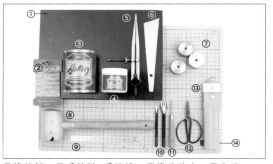

①橡胶板　②手缝针、手缝线　③橡胶胶水　④白胶
⑤间距规　⑥上胶片　⑦镇纸　⑧木锤　⑨尺子
⑩菱斩（2齿、4齿，间距各4mm）　⑪圆锥　⑫切线剪刀
⑬可替换式裁皮刀　⑭裁切垫板

① 将主体缝合

将主体部片的床面翻到正面，内缝加工成袋状。

1　将一张牛皮裁成2片，制成主体部片。

2　用间距规在除开口部边以外的其他边的银面上画线，宽度5mm。

3　在线迹外侧涂抹橡胶胶水。

4　另一片皮革上也涂抹橡胶胶水，将2片贴合到一起。

5　用间距规在作为除开口部的边以外的其他边的床面上画线，宽度6mm。

6　用4齿菱斩加工缝纫孔。弯曲部位使用2齿的菱斩。

7　缝纫起始处用手缝线在外侧打2个结，加强固定用。

8　用平缝针法缝纫，最后打双结后剪掉线头。

9　缝纫完的样子。由于皮革的材质柔软，作业时不要过度拉扯，防止皮革起褶皱。

②装上缠绕用的皮绳

该钱包使用较长的皮绳缠绕固定。

主体折叠的位置没有提前定好，可折叠成自己喜欢的样子。

1 参照纸型，在主体床面开口的中心位置处涂抹橡胶胶水。

2 给皮绳的床面涂上白胶，并粘贴到主体上。

3 在重叠处的中心位置开缝纫孔。

4 用一根手缝针将其缝合。从端头的缝纫孔开始缝纫，缝到最后的缝纫孔时，再缝回到最开始的缝纫孔。最后在床面一侧将线打结后剪掉。

5 将主体翻个。

6 在皮绳的端部加上装饰物。在装饰物的组装部位涂抹黏合剂，中间夹着皮绳贴合到一起。

7 参照纸型将缝纫线迹画好后加工缝纫孔，然后按照与步骤4相同的做法缝合。

8 参照纸型，将装饰物的前端按照喜好进行裁切。

9 按个人喜好将主体折叠，放上镇纸，直到压出折痕。最后将其轻微打湿，整理出皱褶的形状，等晾干后就完成了。

Ruban de Tiara

这些杂货使日常的生活幸福而又惬意。

进入"Ruban de Tiara"迎接你的是清浅的芳香以及法国复古风格的漂亮室内装饰和杂货。这里有服装、首饰、香水等各种原创的手工产品。

店铺内所售卖的优雅服饰和杂货等商品很多都融入了自然的生活元素。并且网店和实体店里也都有售卖制作皮革小物件所需要的材料和工具。除了与皮革相当匹配的原创印鉴和纽扣之外，还有进行简单手工制作的成套工具，令喜爱手工制作的人欲罢不能。另外，店铺每月还会举办一场关于手工制作的讲习会。2个小时左右的时间足够做出可爱的作品。讲习会的时间会在网站上公布，请及时上网查看，或来电咨询。

a. 琳琅满目的手工商品。 b. 皮革手提包和亚麻布手提包。 c. 原创的徽章。 d. 陶制的纽扣和吊坠。 e. 复古风的印鉴和图章。 f. 负责制作的张小姐（左）以及负责冲压的西小姐（右）。

Shop Data

〒 180-8520
日本东京都武藏野市吉祥寺本町 1-5-1
吉祥寺 PARCO7F
电话＆传真：0422-28-7222
网址：http://www.tiara-inc.co.jp
营业时间：10:00 ～ 21:00

固定扣零钱包

成品的大小：高约7cm，宽约13cm

只用固定扣固定的零钱包，
里面有隔层，可以作为化妆包使用。
不光是零钱，连钥匙等的小物件也能放进去，非常方便。
只要将纸型按比例扩大，就能够制作成自己喜欢的大小。

制作的流程

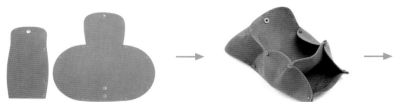

对照纸型大小，裁切好皮革，开好缝纫孔后组装上四合扣。

将2片重叠，一边收拢，一边用固定扣将其固定住。

使用装饰皮革将四合扣夹住后缝合即完成。

工具 & 材料

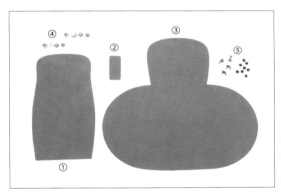

①内兜　②装饰皮革
③主体　④四合扣(中号
2套，隐形扣面1个)
⑤固定扣(小号8套)

● 使用的皮革

使用的是厚1.7mm的绒面牛皮(表面经过起毛处理)。皮革需要放到一起加工成形，推荐选用较柔软的材质。

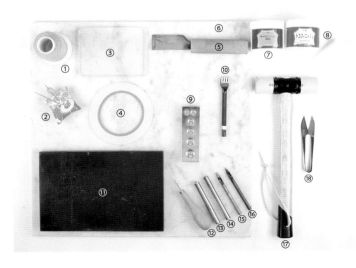

①手缝线　②手缝针　③玻璃板
④双面胶(宽2mm)　⑤裁皮刀
⑥大理石板　⑦白胶
⑧床面处理剂(打磨剂)
⑨万用环状台　⑩菱斩(间距4mm)
⑪橡胶板　⑫菱锥
⑬四合扣打具(母扣用)
⑭四合扣打具(公扣用)
⑮圆斩(15号)　⑯圆斩(8号)
⑰木锤　⑱切线剪刀

①开孔，固定四合扣

基底处理完成后，参照纸型加工缝纫孔。

在主体和内兜上分别组装上四合扣。

1　在主体和内兜的床面涂抹床面处理剂，使用玻璃板轻轻打磨。将绒毛压平即可。

2　边缘部位也需要涂抹床面处理剂，用布擦拭打磨。边缘部也同样轻轻打磨即可。

3　加工固定扣用的孔和四合扣用的孔（纸型上标注了具体位置）。

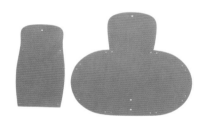

4　固定扣和四合扣用的孔加工好后的样子。

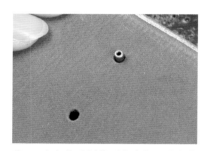

5　在主体下侧的两个孔位置处安装公扣。先将底座从床面侧穿出来。

6　再在其上面扣上公扣。

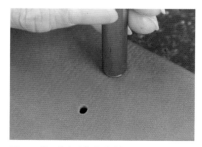

7　将万用环状台翻转，平面的那一侧朝上放置。使用公扣用打具将其固定。另外一个孔也按照相同方法组装。

8　在内兜上的孔的位置处安装母扣。先将面盖从皮面侧装配好，在其上面扣上母扣。

9　在万用环状台上找到与其尺寸相符的凹坑，使用母扣用打具敲打固定。

② 固定固定扣

用固定扣将主体和内兜固定住，打造立体外形。

1　主体和内兜装上四合扣之后，使用固定扣逐个固定。

2　按照纸型上标注的字母顺序逐个加工固定。首先将内兜B的孔夹在主体B的两个孔之间。

3　将主体折弯，从里面一侧穿出扣子。

4　从里面一侧观察B孔所看到的样子。能看出内兜是被夹住的。

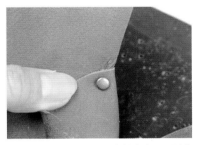

5　将面盖扣在冒出头的底座上，压住后将其轻微固定。

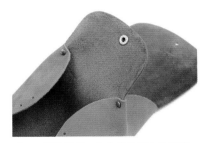

6　相反侧的B'也按照相同方法固定。

7　C、C'同样按照图片所示方法固定。内兜已经变成袋子形了。

8　A、A'、D、D'的孔也一样，将床面作为里面一侧，用固定扣暂时固定住。

9　所有的固定扣都暂时固定住后，选择与其尺寸相符的凹坑组合，使用固定扣打具和锤子将其敲打固定。

③组装固定皮革

最后的组装工序是在母扣部位夹上装饰皮革。
不使用装饰皮革的情况时，两边扣子的母扣配件就使用面盖。

1　在装饰皮革的床面一边的端部贴上双面胶。

2　对齐并对折端部，将其贴合到一起。

3　使用菱斩加工缝纫孔。

4　调整装饰皮革位置，尽量使其位于床面孔上方的中心。

5　翻过面来，以主体表面的孔的位置为基准，在装饰皮革上开孔。

6　从正面将隐形扣面插进去。

7　放到万用环状台的平面上。

8　将四合扣的母扣扣上去。

9　使用母扣用的打具将其固定。

10 使用菱锥将缝纫孔穿透。

11 如果没有菱锥，也可以使用菱斩。

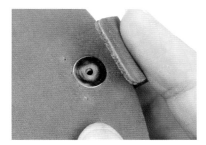

12 对折时注意将隐形扣面遮挡住的同时，也要与之前开好的孔对齐。

13 装饰皮革暂时固定后的样子。将针穿进孔内，确认缝纫孔的位置是否对齐。

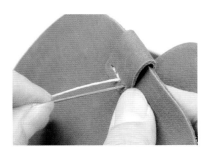

14 以平针将其缝合固定。

15 缝纫最后一针时，将手缝针从装饰皮革的下面拉出。

16 两侧的手缝针都从装饰皮革的下边拉出，打结后剪掉线头。

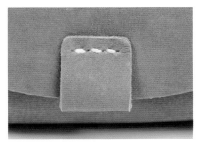

17 装饰皮革缝上后的样子。至此，固定扣零钱包算是完成了。

两折钱包

成品的大小：高约10cm，宽约9cm

这是基本款两折钱包。

由于钱包被设计成了小巧的尺寸，女性也可以使用。

主体和翻盖分别和内兜缝合的构造，减少了很多需要手缝的地方。

此为手缝技能熟练后的挑战项目。

制 作 的 流 程

裁切后进行基底处理，加工缝
纫孔。

将零钱包翻盖部分、主体分别
贴合，组装四合扣。

将零钱包的翻盖缝合。

缝合零钱包的主体部分。

卡套贴到主体1上，缝合内侧
边。

将零钱包的翻盖缝到主体1上。

将主体缝合，打磨边缘后完
成。

工 具 & 材 料

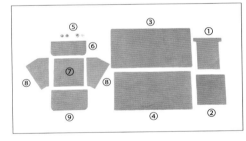

①卡套1　②卡套2
③主体2　④主体1
⑤四合扣（中号，隐形扣面）
⑥翻盖内侧革
⑦零钱包主体
⑧零钱包档片（左右各1片）
⑨翻盖

● 使用的皮革

使用带有纹理的厚度为1mm的牛皮（植鞣
革）。只有主体2使用厚度为1.8mm的牛
皮。由于没有装开合用的口金，所以使用
具有张力的皮革。这个项目推荐使用较薄
的张力小的皮革。

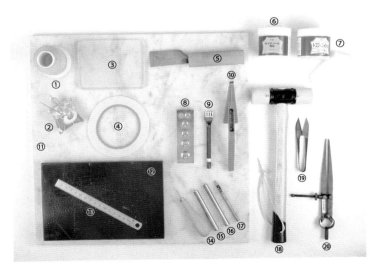

①手缝线　②手缝针　③玻璃板
④双面胶（宽2mm）⑤裁皮刀　⑥白胶
⑦床面处理剂（打磨剂）、布
⑧万用环状台　⑨菱斩（间距4mm）
⑩三角研磨器　⑪大理石板　⑫橡胶板
⑬直尺　⑭圆锥　⑮四合扣打具（母扣用）
⑯四合扣打具（公扣用）⑰圆斩　⑱锤子
⑲切线剪刀　⑳间距规

①基底处理和开孔加工

裁切完毕后，做基底处理，加工缝纫孔。

确认好步骤 5 用红线标注的开孔位置后再进行加工。

1　给所有皮革的床面都涂抹上床面处理剂。

2　使用玻璃板将绒毛压倒轻轻打磨。

3　边缘部位也涂抹少量的床面处理剂。

4　使用布打磨边缘，直到打磨出光泽。

5　在红线部位加工缝纫孔。

6　加工缝纫孔时，先用菱斩的第一个齿画印记。

7　从上面开始按照相同方法画印记。四个角的部位都画上印记。

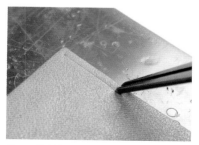

8　使用间距规将四个角部位的印记连接成线。

9　使用菱斩给四个角部位打孔。

10 在四个角的部位所开好的孔之间，一边调整间距，一边轻轻地画上印记。

11 根据步骤10所画好的印记加工缝纫孔。

12 按照步骤5用红线标注的位置给主体加工好缝纫孔。

13 在卡套1突出来的部分上加工缝纫孔。（同步骤6、7做法相同）

14 参考主体1的纸型，从卡套端部位置开始，在主体1的内侧上下的孔之间画线。

15 一边调整间隔，一边加工缝纫孔。

16 在卡套2和零钱包的上侧边以外的边上加工缝纫孔。将卡套2铺到主体1的下面，从开好的孔内画印记就不会有偏差。

17 缝纫孔加工好后的样子。

②粘贴零钱包部分

将零钱包的各部片与翻盖的两个部片分别缝到主体 1 上。

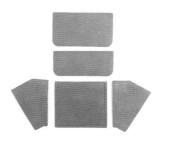

1　准备翻盖、翻盖内侧革、零钱包、左右挡片。

2　参考纸型，使用圆斩在零钱包上开孔（公扣侧）。

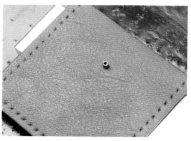

3　将底座从床面穿进去，放置到万用打孔台的平面侧。

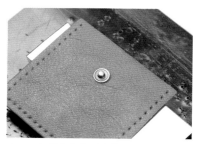

4　在底座的上面安装上公扣。

5　对齐公扣用的四合扣打具，使用锤子敲打，固定公扣。

6　参考纸型加工开孔，在翻盖内侧革的正面装上母扣。

7　接下来是贴合翻盖的作业。

8　在翻盖床面的上部以外的边上贴上双面胶。

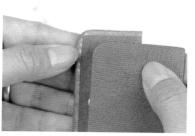

9　对齐端部，将两个床面贴合到一起。

10 使用间距规在翻盖银面的上侧边以外的3个边上画宽度为4mm的印记。

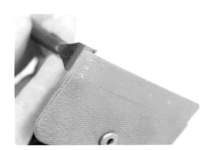

11 加工缝纫孔时，注意不要出现高低差不齐的现象。

12 先加工两侧，再加工下边，边调整间距，边加工缝纫孔。

13 参考纸型，同主体1贴合时，所对应部分的缝纫孔要如数复制到档片上。

14 参考纸型，将档片向内折弯。折缝处使用锤子敲打，留下压痕。

15 左右的档片折弯后的状态。在黑线表示部分的床面侧贴上双面胶。

16 在零钱包的侧面贴上档片。

17 将档片与零钱包的孔对齐后，再加工两侧面档片的孔。

18 沿着步骤13所复制的印记，将与主体1所贴合的部分也加工上缝纫孔。

③缝合零钱包的翻盖

将零钱包翻盖部分缝合。
第一个孔不要缝上，将其预留。

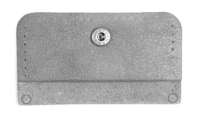

1　缝合零钱包的翻盖。注意第一个针孔预留。

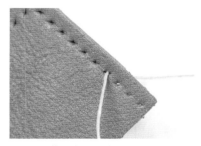

2　从第四个孔开始缝纫。

3　倒针缝2针，之后平缝。

4　缝到最后也留出1个针孔并且倒针缝2针。

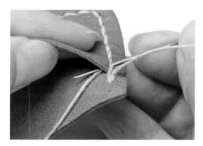

5　为了使线结不显眼，将线从内侧皮革中拉出。

6　两侧的线都从内侧拉出，在手缝线的根部位涂抹少量的白胶。

7　直接将手缝线打结并剪掉线头。

8　用锤子敲打，使针脚服帖。

④缝合零钱包的主体

接下来将零钱包的主体和挡片缝合。

1　缝合零钱包的主体和挡片。

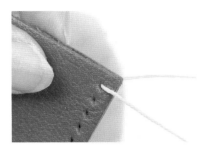

2　准备缝纫距离3倍左右长度的线，从第一个孔开始缝纫。

3　外侧用线缝2圈。

4　后续直接平缝。最后将手缝线从里面一侧拉出。

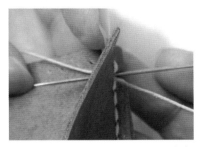

5　另一侧的手缝针也从里面一侧拉出。

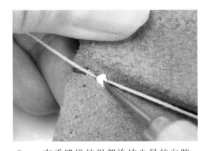

6　在手缝线的根部涂抹少量的白胶。

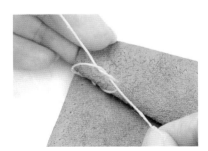

7　打结后将线头剪掉。

8　用锤子敲打针脚，使线条服帖。

⑤将卡套缝到主体上

将卡套 1、2 缝到主体 1 上。
注意孔之间不能有偏差，顺着工序一边确认一边作业。

1　将卡套1、2按顺序与主体1的左端对齐重叠。先确认其端部是否对齐。

2　在卡套1加工好缝纫孔的外侧部位，贴上双面胶。

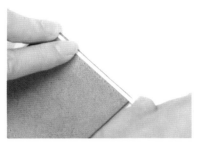

3　给卡套2加工好缝纫孔的3个边也贴上双面胶。

4　先从卡套2开始贴合。撕掉剥离纸，将圆锥插入端角部位的缝纫孔，再穿进主体1的缝纫孔中，将其贴合。贴合时注意不要贴歪。

5　将卡套1装入贴好的卡套2中，并与之贴合。

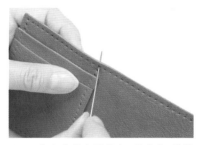

6　将卡套的右端缝合。从主体1的第一个缝纫孔开始缝纫。

7　虽然可以在台阶部位通过缝双重线加强强度，但是由于使用的皮革较为轻薄柔软，所以没有做加强。

8　平缝推进，最后涂抹白胶并将手缝线的根部固定。

9　用锤子敲打，使针脚服帖。

⑥ 将零钱包缝到主体上

将零钱包的翻盖和主体与主体 1 缝合。
将零钱包翻盖在距离零钱包主体 1 个缝纫孔远的位置贴合。

1 同其他部分的做法相同，将翻盖的正面和档片的床面贴上双面胶。

2 使用圆锥将档片和主体1的端角部位贴合。

3 将翻盖像这样以主体1所加工的最后一个孔为基准对齐贴上。

4 将两侧孔连接后，在翻盖上画缝纫印记。

5 沿着印记加工缝纫孔。

6 缝纫孔加工好后的样子。

7 从翻盖最初的缝纫孔开始缝纫，在主体1处倒针缝1针，加强强度。

8 平缝推进，最后倒针缝1针。将手缝线从床面一侧拉出，涂抹白胶后打结并剪掉线头。

9 将主体上部边缘缝合。最后，同步骤8做法相同，将手缝线固定。

⑦ 将主体 1、2 缝合

将 2 个主体缝合。

最后将边缘打磨光滑即完成。

1　将两个主体缝合。

2　参考主体2的纸型，贴上双面胶后进行贴合。贴合时使用圆锥辅助，对齐端部。

3　缝合。由于皮革重叠层数多，因此需要准备稍微长一点的手缝线，从第二个孔开始缝纫。

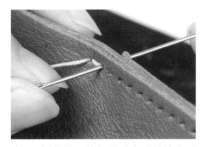

4　倒针缝一针加强强度后继续往下缝纫。

5　先将挡片部分穿进主体部分，一边注意对齐挡片的缝纫孔，一边穿针比较容易操作。

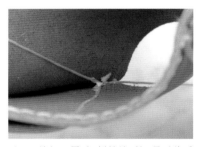

6　缝纫一周后，倒针缝1针。最后将手缝线从主体的内侧拉出，涂抹白胶打结，剪掉线头。

7　最后打磨边缘。使用三角研磨器打磨整理缝合部分的端部。

8　在打磨部位上涂抹床面处理剂。

9　使用橡胶板的端部进行辅助，用布料擦拭打磨。至此，两折钱包就完成了。

Aterlier Amici

是能够体味到制包厂家"Maruyokatano制包所"
产品制作乐趣的皮革手工制作教室。

Atelier Amici 皮革手工制作教室销售有很多纸质主题手提包、极度仿真的煎饼样子的零钱包等概念商品。

另外,片野一德老师提出在皮革制作中将艺术融进生活,提高了皮革制品的艺术性,受到了国内外的高度评价。她的作品既不拘泥于形式,也不放过新型皮革素材的表现。

Atelier Amici 一直坚持以手艺人所执着的技法来制作手提包,现在公司正致力于向大家宣传制作产品的乐趣。在 Atelier Amici,你可以从讲解手提包基本的制作方法上的"基础班"开始,到制作你想制作东西的"研究班"为止,挑选课程并接受训练。零钱包制作的"一天体验"课程可以随时进行预约。

a. 位于墨田区的 Atelier Amici 的商店兼教室。教室在 2 楼。
b. 委托此次制作的羽生老师,同时也担任教室的讲师。
c. 教室风景。 d. 很多概念商品。 e.1 楼的商店。还展示了 Maruyokatano 制包所的手提包。

Shop Data
〒 131-0011 日本东京都墨田区石原 4-21-4
电话:03-6279-8991
网址:http://atelieramici.net
营业时间:11:00 ～ 19:00
※ 报名"一天体验"课程请联系以下邮箱地址。
school@aterlieramici.net

三折钱包

成品的大小：高约8.5cm，宽约10cm

三折的小型钱包，
有着圆滚滚的可爱轮廓。
必要的部片竟然只有4个，
还带有卡套和零钱包等。

制作的流程

裁切皮革，做基底处理。接下来加工四合扣用的孔。

在卡套上组装四合扣，并将卡套贴到主体2上。

将卡套2与主体2缝合。

缝上零钱包。

将主体1和卡套的端部缝合。

将主体1和主体2的端部以及间隙缝合，打磨边缘后即完成。

工具 & 材料

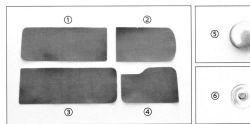

①主体2　②零钱包　③主体1　④卡套　⑤四合扣（中号）
⑥四合扣（中号，隐形扣面）

● 使用的皮革

使用柔软的、厚度为1.7mm的牛皮"Barchetta"（植鞣革）。如果使用其他种类皮革，则需要选用相同厚度的材料。铬鞣革不能使用床面处理剂，所以完成后不打磨也可以。

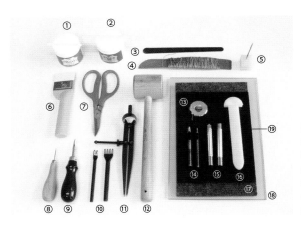

①床面处理剂（打磨剂）、棉棒　②白胶、上胶片
③研磨片　④手缝线（麻线，中号）　⑤线腊、手缝针
⑥换刃式裁皮刀　⑦剪刀　⑧圆锥　⑨削边器
⑩菱斩（2齿、4齿，间距各2.5mm）　⑪间距规
⑫木锤　⑬两用环状台　⑭圆斩（8号、15号）
⑮四合扣打具（公扣用·母扣用）　⑯三用磨边器
⑰地垫　⑱塑胶垫　⑲橡胶板

① 画印和基底处理

部片裁切好后，将纸型上的印记画在皮革上。

进行床面处理，打磨边缘。

1　参考纸型画印。2片主体的内外都画印。里面需要在步骤5的床面打磨完后再画印。

2　黑点的印记。使用圆锥轻微戳刺画印。

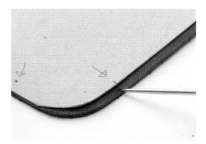

3　黑点以外的印记（裁断面开始的直线印记），在紧靠皮革端的不显眼的部分画印。自己看时能分辨出来即可。

4　打磨所有部片的床面部分。将床面处理剂均匀涂抹于皮革的床面。

5　使用三用磨边器等工具擦拭打磨。将绒毛打磨服帖即可。

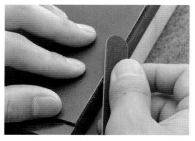

6　参照纸型，使用研磨片将后续无法打磨的边缘的角部轻微研磨，打磨出圆角。（此步骤打磨的范围请参照纸型的点线箭头记号）

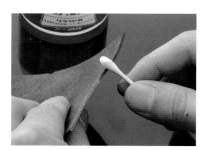

7　将床面处理剂抹到棉棒上，然后用棉棒涂抹在步骤6中的边缘部。

8　使用三用磨边器打磨边缘部。将皮革对齐到橡胶板的边角，再进行打磨更容易。

9　参照纸型，使用圆斩加工四合扣用的孔。（本次使用的圆斩的大小在纸型上有记载）

②组装四合扣，粘贴卡套

在主体 1 和卡套上组装四合扣。
之后，将卡套粘贴于主体 2 上。

1　分别在主体1和卡套上组装四合扣。

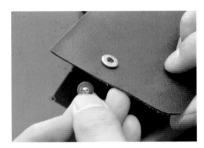

2　卡套（母扣侧）的面盖使用隐形扣面。母扣要组装到表面一侧。

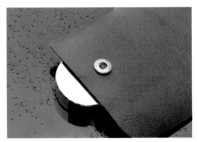

3　将部片放置到打孔台的平面侧。

4　使用母扣用四合扣打具，用木锤敲击固定。

5　按照相同方法给主体1组装上公扣。

6　2个部片组装上四合扣后的样子。

7　将组装好四合扣的卡套和主体2贴合。

8　参考纸型中所记载的双重虚线，使用研磨片磨粗主体2正面需要黏合的部分，边部3mm左右宽度。

9　磨粗卡套的床面。参考纸型中所记载的双重虚线，如图所示，用圆锥画印后磨粗的位置就一目了然了。

10　各部位磨粗好后的样子。

11　先从红线示意部分贴合。

12　用上胶片刮取少量白胶，分别涂抹在主体2和卡套上。

13　将边角对齐后贴合。

14　使用三用磨边器等的工具按住压接。

15　参照纸型，将卡套与主体2重叠，在卡套上主体的A印记处画印记。在与主体2上所画的A印记所重叠的卡套的端部画印记。

16　将步骤15的印记和卡套B的印记连接到一起，使用三用磨边器的前端画缝纫用的线条。

17　2个部片的一端贴合好后的样子。

③将卡套缝到主体上

缝合粘贴好的卡套。
请参照纸型加工缝纫孔。

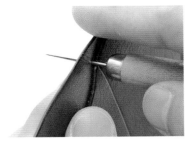

1 使用圆锥在印记A和印记B处开孔。

2 沿着缝纫线迹在2个孔之间加工缝纫孔。注意一边调整孔的间距，一边加工。

3 缝纫孔加工好后的样子。

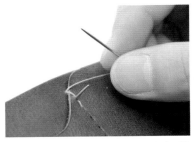

4 从第三个孔开始缝纫。倒针缝回第一个孔，然后再缝2针加强端部。

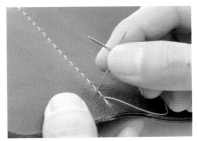

5 平缝推进。最后和步骤4相同，倒针缝2针，在针脚的旁边剪掉线头。

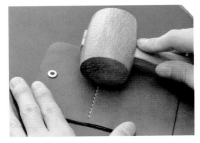

6 使用木锤轻轻敲打，使针脚服帖。

7 缝纫好后的样子。

8 接下来，在其他磨粗好的部分分别涂抹白胶并贴合。

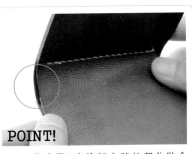

POINT!

9 将步骤8中涂好白胶的部分贴合后，如图片所示，红色圆圈部位会有间隙形成。该构造能够使主体更加容易折弯。

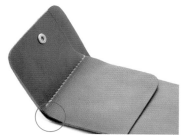

10 贴合好后的样子。由于长短不齐，所以会有间隙。

11 将印记D和印记E连接到一起，并画缝纫线迹。

12 在印记D和G之间，使用间距规画宽度为3mm的线。

13 使用圆锥在D、E、G的3个点的位置上分别开孔。

14 开孔后的样子。

15 在DE、DG的线迹上开缝纫孔。

16 缝纫孔加工好后的样子。将其缝合。

17 缝好后的样子。至此，卡套的缝合作业就完成了。

④将零钱包缝到主体上

将零钱包缝到主体2上。
手缝以及打磨边缘部位时，注意不要划伤主体。

1 将零钱包缝到主体2上。

2 参考纸型将四合扣装上。注意四合扣母扣和公扣的朝向。

3 参考纸型的双重虚线，使用研磨片磨粗床面宽度约3mm的范围。

4 参考纸型，用圆锥在主体2上的组装位置的4个点上开孔。

5 在皮革床面，将4个点彼此连接并画线，连成"U"字形（纸型上的虚线部分）。

6 画好线后的样子。母扣侧的边不画线。

7 在零钱包的床面画上印记H'，与主体2正面的印记H相组合。

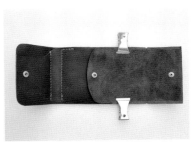

8 组合后的地方用夹子固定住。用圆锥戳刺步骤4中零钱包上加工的4个点的孔，在主体2上加工圆孔。

9 沿着步骤6画好的线条，在圆锥所加工的4个点之间，边调整间距，边用菱斩加工缝纫孔。

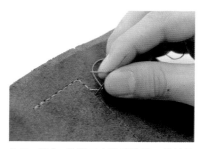

10　缝合。从第三个孔开始缝，倒针缝一针后平缝。最后同样倒针缝一针后固定线头。

11　在步骤3所磨粗好的位置上涂抹白胶。

12　将切口部对折，贴合。

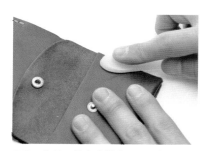

13　使用三用磨边器等工具进行压接。

14　使用研磨片修整贴合好后的边部形状。

15　使用间距规，从印记I开始到重叠端部为止画宽度约3mm的缝纫线迹。

16　使用圆锥在印记I和重叠的端部处开孔。

POINT!

17　开孔时，注意不要将主体2开孔，如图所示的那样，使用橡胶板等工具将主体弯曲，再开孔。

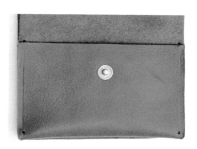

18　4个点开好孔后的样子。

19　沿着步骤15的缝纫线迹，用菱斩加工零钱包的缝纫孔。

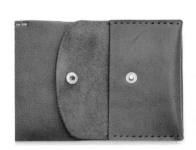

20　两端都加工好缝纫孔后的样子。

21　缝合。同其他部分一样，从第三个孔开始缝，倒针缝后平缝。

22　两端缝好后的样子。缝好的部位使用木锤的腹部轻轻敲打，使线头服帖。

23　打磨缝好部分的边缘。先用削边器将正反两面倒角处理。

24　再用研磨片将边缘修整成圆形。

25　使用棉棒涂抹床面处理剂。

26　使用三用磨边器打磨边缘。

27　边缘打磨好后的样子。将步骤24、26重复操作数次，边缘部位会变得更加光滑。

⑤将主体 1、2 的端部缝合

缝合主体 1、2。

缝合 3 个部分，按照顺序推进。

1 将主体1和主体2缝合。参考主体里面一侧的纸型，从红线圈到的部位开始贴合。

2 将主体里面一侧的纸型上所记述的双重虚线部位，用研磨片磨粗其边缘3mm左右处，在2个部片的床面上涂抹白胶。

3 将端部对齐贴合。

4 使用研磨片等工具将贴合好后的2个部片的边缘部位进行打磨。

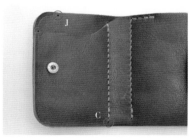

5 参考主体纸型，使用圆锥在印记J和C处开孔，在两孔之间的边缘画宽3mm的线。卡套端部的红色圆圈处也用圆锥开孔。

6 里面一侧相同的，将间距规设定3mm宽，将3个点连接起来，画线。

7 在里面一侧的3个点之间，边调整间距，边用菱斩加工缝纫孔。

8 从第三个孔开始缝纫。段差部位倒针缝一针，加强强度。

9 缝纫结束时也要倒针缝2针，并将线头固定。这样，一部分的缝合工作就完成了。

⑥最后的缝合与边缘打磨

将零钱包的里面一侧、主体中间下方部分缝合。
最后将缝合完毕部分的边缘部位打磨加工后即完成。

1　将主体的中间部位（红线部位）缝
　　合。在打磨好的面上涂抹白胶。

2　将端部对齐贴合。

3　在纸型标记的印记F处到卡套的端
　　部之间，画宽度为3mm的线。

4　使用圆锥在卡套的端部和印记F处
　　开孔。

5　翻过面来，在两孔之间画宽度为
　　3mm的线。

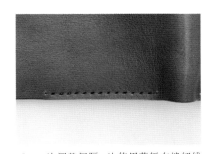

6　边调整间隔，边使用菱斩在缝纫线
　　迹上加工缝纫孔。

7　接下来，将零钱包里面一侧缝合。

8　将零钱包部分卷起，在打磨好的部
　　位涂抹胶水。

9　将端部贴合。

10　使用研磨片将2个贴合好部片的端部修平整。

11　在纸型标注的K、L、H的3个印记之间画宽度为3mm的缝纫线迹。用圆锥在3个点处分别开孔。

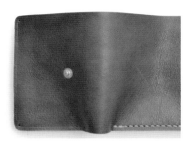

12　翻过面来，在主体1侧的3个点之间画宽度为3mm的缝纫线迹。

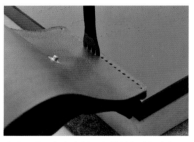

13　在3个点之间，边调整间距，边加工缝纫孔。注意不要弄坏零钱包，作业时使用橡胶板的端部将其避开。

14　同其他部分一样将其缝合。至此，主体的缝合作业就结束了。

15　打磨缝合好后的边缘部位。各个边，正反两面做倒角处理。

16　用研磨片将边缘部位修整成圆形。

17　使用棉棒给边缘部位涂抹床面处理剂，再用三用磨边器等工具打磨加工。至此，三折钱包就完成了。

Craft 学园

Craft 学园开设有适合各个水平阶段的
皮革手工讲座，都颇受欢迎。

Craft 学园是有着 50 年的历史以及引以
为豪的传统的皮革工艺的教室。Craft 学园还
提供有齐全的皮革手工工具和材料。

Craft 学园开设的讲座有培育专业人士的
"讲师养成讲座"、"手工缝纫讲座"、"压花讲
座"、"皮革的染色讲座"、每周六的"皮革手提
包讲座"等。此外，还有在家也能随时学习的

"网络讲座"，从入门到基本技法学习和应用的
课程全都有。如果你对 Craft 学园的讲座有疑
惑的话，可以去听一下"体验 Craft 学园"的
讲座。

学园的讲师会综合学生的水平和预期目标
推荐课程，并进行细致、热心的指导。开设的
讲座信息会公布在网上，请及时查阅 。

讲座的授课风景。由
于是一对一指导，因
此可以按照每个人的
进度进行学习。学园
拥有30年以上资历
的专业讲师。

本山知辉先生。负
责新产品的企划等
工作。

Craft 学园 讲座向导

讲座	开讲日	班级	期间	时间	课时费（日元）		讲师
					1 个月	3 个月	
手工皮革 ·讲师养成讲座 ·手工缝纫讲座 ·印花讲座	周二 每月 2 次 （4 单元）	基础班	1 年	10：00 ～ 16：00	8 300	23 900	青木幸夫 小屋敷清一
		高等班	1 年		9 300	26 900	
		研究班	1 年		10 300	29 900	
	周四 每月 2 次 （4 单元）	基础班	1 年		8 300	23 900	青木幸夫
		高等班	1 年		9 300	26 900	
		研究班	1 年		10 300	29 900	
	周五 每月 2 次 （4 单元）	基础班	1 年		8 300	23 900	丰田兰子 彦坂和子
		高等班	1 年		9 300	26 900	
		研究班	1 年		10 300	29 900	
	周四（夜间） 每月 2 次 （4 单元）	基础班	1 年	18：00 ～ 20：30	8 300	23 900	小屋敷清一
		高等班	1 年		9 300	26 900	
		研究班	1 年		10 300	29 900	
·印花讲座 ·手工缝纫讲座	周二（夜间） 每月 2 次（4 单元）		1 年	18：00 ～ 20：30	4 500	13 000	小屋敷清一
皮革染色讲座	周一 每月第 2 周和第 4 周	基础班	1 年	10：00 ～ 16：00	8 300	23 900	加藤广美 山田淑
		高等班	1 年		9 300	26 900	
		研究班	1 年		10 300	29 900	
手工制作皮革手 提包讲座	周六 每月第 2 周和第 4 周			13：00 ～ 16：00	票券制 4 次 /12 600		小林一敬

Shop Data

〒 167-0051
日本东京都杉并区荻洼 5-16-21
电话：03-3393-5599
传真：03-3393-2228
网址：http://www.craft-gakuen.net

■网络讲座 基础 A 课程课时费、材料费 38 000 日元，期间 5 个月；基础 B 课程课时费、材料费 48 000 日元，期间 8 个月
■网络讲座 FOR BIKERS Volume1 课时费、材料费 45 000 日元，期间 1 年

小型钱包

成品的大小：高约10cm，宽约11cm

是缝纫部分较少的小型钱包。
因为裆部是直接连在主体上的，
所以部片较少，制作简单。
使用原子扣作为口金，不需要使用打具，
即使是初学者也能轻松制作。

制 作 的 流 程

将皮革对照纸型进行裁切，处理边缘部位。

将皮带缝到主体1上。

将主体1和内兜组合，缝合裆部前面的部分。

将主体1和主体2贴合。

将内兜与主体2贴合，再同裆部贴合并加工缝纫孔。

缝合后侧的裆部。

组装原子扣，打磨边缘后完成。

工 具 & 材 料

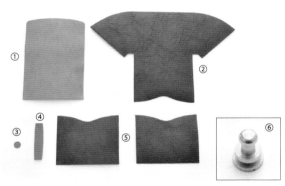

①主体2　②主体1　③原子扣垫片皮革　④皮带
⑤内兜×2　⑥原子扣

①床面处理剂（打磨剂）　②玻璃板　③棉纱布　④打火机
⑤切线剪刀　⑥手缝针　⑦铁笔　⑧上胶片　⑨三用磨边器
⑩大理石板　⑪橡胶板　⑫橡胶胶水　⑬手缝线　⑭间距规
⑮三角研磨器　⑯裁皮刀　⑰木质磨边器　⑱削边器
⑲圆斩（12号）　⑳圆斩（8号）　㉑圆斩（40号，直径12mm）
㉒菱斩（2齿、4齿、6齿，间距各4mm）　㉓单平斩
㉔圆珠笔　㉕滚轮　㉖圆锥　㉗木质的筷子　㉘木锤　㉙直尺

• 使用的皮革

主体1和2使用带有纹理的厚度为1.8mm的牛皮（植鞣革）。裆部则推荐使用张力较小的皮革。

皮带部分使用3mm的牛皮（植鞣革）。由于使用时会经常开合原子扣，为防止使用时变形，建议选用张力较好的不易变形的较厚的皮革。

①基底处理和画印

裁切好皮革后，将后续工序中不好打磨的边缘部分先行打磨加工。
同时也将纸型上所记载的点和折线等印记画好。

1　将主体2的床面和兜部组合，在其两端画印记。

2　主体2的上部是钱包的翻盖部位。将步骤1所画印记的上面部分打磨处理。

3　用布涂抹床面处理剂，涂抹时不要使床边处理剂溢出边缘。

4　使用木质磨边器进行打磨，打磨出光泽。

5　接下来打磨皮带。先用削边器将裁断面的侧边倒角加工一周。

6　翻过面来，两面都做倒角处理。

7　给皮带的边缘涂抹床面处理剂，给皮带侧边涂抹床面处理剂，注意不要使床边处理剂溢出边缘。

8　使用木质磨边器打磨出光泽。这样最开始的磨边工作就结束了。

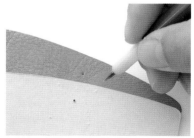

9　参考纸型，使用铁笔在主体2的正面一侧将原子扣的加工位置画出来。

10　在主体1的正面一侧也画上印记。先将中间皮带的组装位置的印记画好。

11　将外折线的记号分别画在主体1床面的上部两处。

12　将步骤11所画的印记和裆部的断点连接画线。

13　在步骤12所画的线上，用三用磨边器的前端部位多次描摹，将折痕加工出来。

14　将步骤12、13的作业内容实施在两边外折部分。

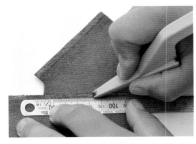

15　用三角研磨器磨粗外折线的两边4~5mm宽的范围。

16　注意不要磨到外折线中心部。

17　用直线连接裆片断点部位。

18　这样基底处理和画印工作就结束了。

②缝上皮带

将皮带缝到主体 1 上。
缝之前，先用滚轮将挡片的折弯部位压出折痕。

1　顺着①工序中画好的线迹，将挡片向外侧折弯，再次使用滚轮按压。

2　将折好的挡片再从中间位置向内侧对折，同样也使用滚轮按压。

3　另一侧的挡片也按照相同方法进行加工。

4　参照皮带的纸型上的开孔位置，选择与原子扣大小相配的圆斩。

5　翻过面来，在床面一侧再加工一次。这样孔的大小尺寸就一样了。

POINT!

6　在加工好的孔内侧涂抹床面处理剂。然后将木质的筷子插进孔内，来回旋转、打磨。

7　用单平斩在孔下5mm处开切口。

8　参照纸型，在缝纫线迹的位置处画印。

9　使用间距规在步骤8的印记之间，从端部开始画宽度4mm的线。

10 边调整孔的数量，边用菱斩加工缝纫孔。

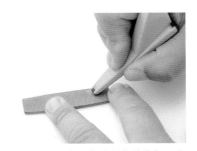

11 翻过面来，使用研磨器将加工缝纫孔的范围(黏合面)磨粗。

12 主体1上皮带的组装位置处也需要画印并磨粗。

13 在步骤11、12磨粗的部位上涂抹橡胶胶水。

14 贴合时确认皮带是否在主体1的中央位置。

15 使用菱斩在步骤10所开好孔的位置上再次开孔。

16 用1根手缝针从第三个孔开始缝。

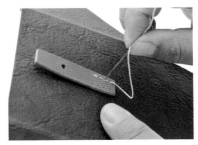

17 倒针缝到上面的孔，缝到下面后再返回最开始的孔。这样针脚就都变成双层了。

18 将手缝线从床面一侧拉出，剪掉线头，预留1mm左右，用打火机烧烤线头将其固定。

③ 主体 1 和间隔片的缝合

该钱包的内侧兜片有 2 个。

此工序中，先从手跟前的内兜开始缝纫。

1 准备主体1和一个内兜部片。因为内兜需要夹在裆部之间，需要将宽度稍微弄窄。

2 使用间距规在内兜部片的两侧画出宽度2mm的线。

3 沿着线裁切。确认好夹在主体1与裆之间的距离，如果尺寸超出，则调整大小，进行修整。

4 使用研磨器磨粗两侧3~4mm的宽度。翻过面来，床面也同样磨粗。

5 在床面磨粗好的部位涂抹橡胶胶水。

6 在工序①步骤15~16所磨粗的部位涂抹橡胶胶水。

7 将内兜的正面朝上与主体贴合。

8 内兜正面磨粗过的部位都要涂抹橡胶胶水。

9 将裆片折弯后粘贴。

10　使用滚轮等工具将其按压接合。

11　用间距规从端部开始画宽度为 5~6mm的线。

12　用圆锥在画线部位的端头开孔。

13　将线画到步骤12所开的孔为止。

14　边调整孔的数量，边加工缝纫孔。皮革重叠的部分会有高低落差，将相同厚度的边角料等的物品垫到下面，作业时会更方便。

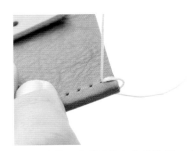

15　在第一个针孔处向外侧缝2针，加强强度。

16　平缝推进。

17　缝到最后一个针孔时倒针缝2针。将线从里面一侧拉出，用打火机烧烤固定。

18　一侧完成。每一侧都按照步骤11~17的方法进行作业。

④ 将主体 1、2 贴合

将主体 1 和主体 2 重叠后贴合。
贴合时注意裆部和主体 2 之间需要空出一部分。

1　将主体1和主体2贴合。主体1的上部是主体2的外兜。

2　在距离主体1裆部14mm处画印记。（纸型上有参考位置）

3　在主体2上侧开始80mm处画印记。（纸型上有参考位置）

4　将主体2正面的印记部位往下约4mm宽的部分磨粗。（步骤1中画红线部分）

5　主体1的床面也要磨粗到步骤2的印记处，然后涂抹橡胶胶水。

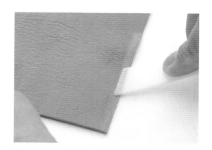

6　在主体2上也涂抹橡胶胶水。

7　胶水干后，将其贴合。

8　主体2冒出来的部分是钱包的翻盖部位。

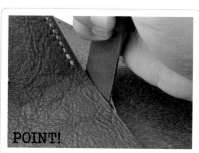

POINT!

9　如果贴合后出现细微的偏差，就使用裁皮刀等工具裁切、修整。

⑤内兜和裆部贴合，加工缝纫孔

将剩下的一个内兜部片贴到贴合好后的主体 1 的床面上。

1 将剩余的一个内兜贴合到主体2上。

2 首先将兜部的正面和床面侧边3~4mm宽的部分磨粗。主体2的床面也以同样宽度磨粗。

3 在磨粗的部位涂抹橡胶胶水后贴合。

4 完全对齐贴合好后，将裆的床面侧边磨粗4mm宽左右。

5 在兜部和裆部磨粗好后的部位涂抹橡胶胶水后贴合。

6 这个部位是4层皮革重叠的。

7 用三角研磨器修整。

CHECK

将裁皮刀的刀刃轻轻抵在材料上，将多余的部分削掉。

8　在挡部画宽度4mm的缝纫线迹。

9　在挡部和主体2的分界处用圆锥开孔。

10　翻过面来，对面一侧也画宽度4mm的缝纫线迹，画到步骤9所开的孔处。

11　从侧面观察并确认皮革重叠的端部。在正面一侧画印记。缝纫孔加工到此处。

12　开孔时注意不要将已经缝合好的另一面刺穿。加工时可以在挡部塞上塑胶垫子和皮革边角料。

POINT!

13　塑胶垫子铺垫到皮革下面即可。最好选择有些厚度且较坚固的素材。

14　加工缝纫孔。皮革厚的话，开孔可能会开偏，边确认里面一侧的线，边开孔加工。

15　一侧的孔开好后的样子。一侧一侧地进行加工更好。

⑥缝合后打磨边缘

在两边的裆部加工好缝纫孔后，将其缝合。
需要准备比平时稍微长一点的线。

1 准备缝纫距离5倍长的手缝线。从下面第二个针孔开始缝纫。

2 倒针缝回第一个针孔，注意跨过皮革重叠部分。

3 平缝推进。

4 最后倒针缝2针，将两股线从里面一侧拉出。

5 留1mm左右的线头，用打火机烧烤线头将其固定。

6 在边缘部涂抹少量的床面处理剂。

7 使用木质磨边器继续打磨，直至打磨出光泽。

8 两边的边缘部打磨完后主体部分就完成了。

⑦组装原子扣

组装原子扣。
组装方法很简单，初学者一学即会。

1 将原子扣装到主体2上面。

2 原子扣的下边是螺丝，将扣头扣上，拧紧即可。

3 参考纸型，在原子扣的组装位置上画印记。使用与原子扣的螺丝孔大小匹配的圆斩开孔。

4 在原子扣的垫片皮革的中心位置上开孔。

5 在原子扣和皮革之间加进垫片皮革能够防止五金的形状浮现出表面。

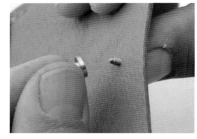

6 在原子扣的螺丝部位穿上垫片皮革，然后从主体2的里面一侧穿出来。将扣头拧合。

7 用手指压住扣头，从床面方向用力拧紧。

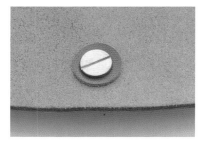

8 组装好的原子扣的床面。

9 至此，小型钱包就完成了。

PAPA-KING

严格选取优质上品的皮革，
充满了爱与执着的手工皮革制品的专门店

在皮革专门店 PAPA-KING 里，你可以找到你想要的任何皮革制品。这里的手工皮革制品所使用的皮革都是经过严格挑选的，由专业设计师设计，并通过纯手工制作完成，设计简单、优雅，做工精细，极具人气。小林彻也先生是公司的代表，负责产品的设计、制作等工作。

PAPA-KING 对皮革制作的"抛光"工序有着严格的规定，要求操作要严谨、精细，抛光彻底，让使用者能够最大限度地享受到皮革"经年变化"的乐趣。

如果你想要购买 PAPA-KING 的皮革制品，可以在公司商店购买，也可以在皮革展示会和研讨会的讲师处购买，还可以在网上购买。请随时关注我们的主页信息，感受 PAPA-KING 的执着。

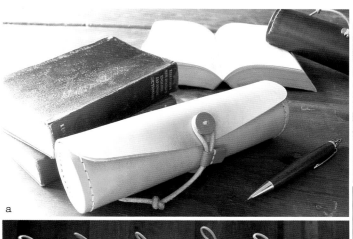

a.简单的简形笔袋。 b.线条优美的大手提包。 c.外形清爽的钥匙包。 d.可随身携带并能够轻松放入任何东西的购物袋。受到塑料袋的启发，被赋予文雅设计的环保袋。 e.公司代表小林彻也先生。负责产品的设计、制作等工作。

Shop Data

〒 247-0066 日本神奈川县镰仓市山崎 819-4
电话&传真: 0467-53-7722
网址: http://www.papa-king.com
※ 商店目前正在施工中。
具体开业时间请到主页查询。

伸缩式长款钱包

完成品的大小：高约9cm，宽约18cm

此为缝纫部位较少、制作简单的长款钱包。

主体上有零钱包和许多间隔，

并可以依照个人喜好替换顺序和位置。

有很多间隔，收纳能力超强。

制 作 的 流 程

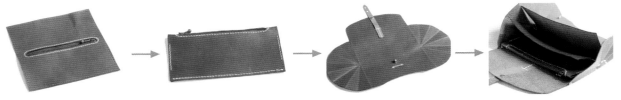

将拉链缝在零钱包上面。　　缝合零钱包。　　将原子扣装到主体上。　　将零钱包与间隔缝到主体
上即完成。

工 具 & 材 料

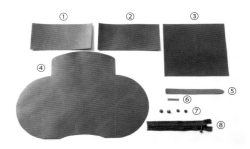

①间隔片1　②间隔片2
③零钱包　④主体
⑤皮带　⑥皮带襻
⑦原子扣、固定扣（中号）
⑧拉链（14cm）

● 使用的皮革

使用厚度为1.2mm的Oilnume。推
荐使用具有张力的厚度在1~1.2mm
的皮革。

①圆形定轨　②上胶片　③黏合剂
④橡胶胶水　⑤线蜡　⑥手缝针
⑦手缝线　⑧切线剪刀
⑨塑形器（铁笔也可以）
⑩边缘处理剂（定制#3610焦茶色）
⑪棉棒　⑫橡胶板　⑬美工刀
⑭菱斩（2齿、4齿,间距各4mm）
⑮圆斩（8号、10号、15号）
⑯固定扣打具　⑰裁皮刀　⑱边线器
⑲万用环状台　⑳金属锤子
㉑橡胶锤子　㉒直尺

①组装上拉链

在零钱包上加工缝纫孔之后缝上拉链。
该作品的边缘部分需要使用边缘处理用的染料加工。

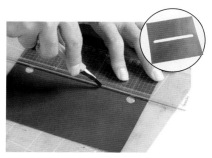

1　参照零钱包的纸型,用圆斩在两端开孔,使用美工刀将孔之间部分裁开并切除。

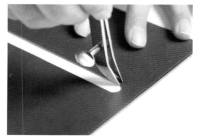

2　用边线器在步骤1所裁开的外周画宽度为3mm的缝纫线迹。

3　用圆形定规在圆斩所切掉的部分画线,这样能够将缝纫线迹画得更漂亮。

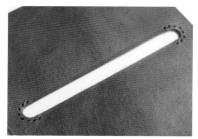

4　按画好的缝纫线迹加工缝纫孔。先用2齿的菱斩加工圆弧部的缝纫孔。

5　然后换成4齿的菱斩,边调整孔跟孔之间的间隔,边开孔。

6　在零钱包的周围也加工上缝纫孔。如图片中红色线圈内所示那样,参照纸型将中间预留出来。

7　零钱包上的缝纫孔加工完毕后的样子。缝上拉链。

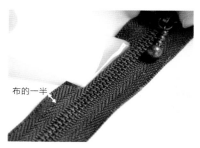

布的一半

8　在拉链的表面、零钱包的床面涂抹橡胶胶水。只涂抹拉链布料的一半范围。

9　涂完橡胶胶水后的状态。红线示意部位为涂抹的范围。

10 在零钱包的边缘部涂抹边缘处理剂。将少量溶液倒入小器皿中，用棉棒蘸取涂抹。

11 涂抹到边缘时，将正面放到手前面涂，边缘处理剂不容易超出来。

12 涂完后，将拉链放到下面贴合。粘贴部位使用金属锤子敲击压接。

13 用金属锤子的手柄打磨零钱套的外缘部位。

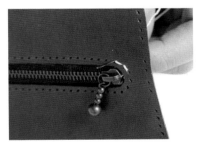

14 缝合拉链部位。从拉链端部布料分开的部分开始缝纫。

15 平缝推进。最后将针从床面一侧拉出。

16 针从床面一侧拉出来后预留1cm左右线头。

17 在剩下的线上涂抹黏合剂，使用针的尖端分别将线塞到右边的孔内，将线头隐藏起来。

18 拉链缝纫完毕的样子。

伸缩式长款钱包

②缝纫零钱包

将零钱包折两下后将底部和侧面缝合。
有一部分不需要缝的孔，作业时需要注意。

1 在零钱套床面的外围涂抹橡胶胶水。

2 边确认孔的位置，边贴合。

3 从底部开始缝合。从第二个针孔开始缝纫。

4 平缝推进，缝回到第一个孔。

5 最后将两股线在床面一侧拉出。

6 把针取下来，将线头打结。

7 将多余的线头剪掉并涂抹少量的黏合剂，用金属锤子敲打压接。

8 用平缝的方法缝合侧面。上下的2个孔（纸型上有标注）不缝合。

9 将线头从中间拉出，打结固定。两侧都缝好后，零钱包的缝合作业就结束了。

③部片开孔和五金组装

在缝合主体之前，先进行各部分的开孔加工和组装工序。

先将皮带和皮带襻与主体缝合。

1　参照纸型，在皮带上画印后加工缝纫孔。

2　使用圆斩在皮带上开孔。使用美工刀在下面的2个孔上加工5mm左右长的切口。

3　在皮带襻的两侧各开1个缝纫孔。

4　参照纸型，使用边线器在间隔片的4条边上画线。注意下边线的宽度与其他部位不同（上边和两边3mm，下边6mm）

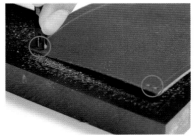

5　沿着两侧边的线，每个角皆加工2个缝纫孔。

6　2个间隔片加工好缝纫孔后的样子。

7　参照纸型，在主体的正面一侧画印记并加工缝纫孔。

8　使用铁笔等工具将纸型上所记载的孔加工到主体上。使用菱斩加工的地方可以直接从纸型上方开孔。

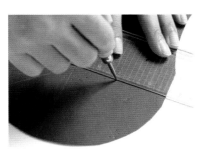

9　参照纸型画印记，将主体半圆部位需要折叠的线画上。

10　将半圆部分按照画好的线条折弯，使用金属锤子敲打，加工出折痕。确认纸型上所记载的向外折弯和向内折弯的指示，先从向外折弯的部分着手。

11　接下来进行向内折弯部分。两边的半圆部的折弯部位，就是裆的伸缩部位。

12　给钱包的翻盖部位装上皮带。将其加工好孔，重叠后缝合。

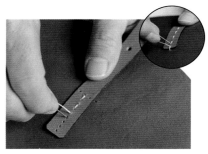

13　用一根针从T字孔交叉部位开始并排缝。缝到端头后缝回到最开始的孔。

14　左右也并排缝，最后将线从床面拉出并剪掉。按照P119步骤17的做法，将切剩下的线头塞到右边的孔内。

15　如图所示，将皮带襻与主体所开的孔对齐，从中心开始缝纫。

16　翻盖和皮带用固定扣固定。对准打孔台的凹槽，使用固定扣打具将其敲打固定。

17　在皮带襻的上面安装原子扣。

18　主体上的皮带和原子扣组装完毕的样子。

④ 主体的缝合

立体地缝合主体。
将零钱包和间隔一起夹到向外折弯的部位中缝纫。

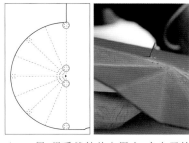

1　用1根手缝针从左图中4个点开始缝合。从床面开始插针。

2　如右图所示，将四个孔中间折弯，按照编号顺序穿线。将针穿进A中，再分别穿进B和C中。

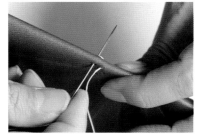

3　再从D穿进孔A，穿回到最开始的孔。

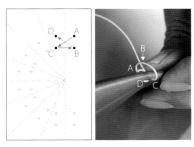

4　接下来从C穿进B。将步骤2的线穿进D然后从床面拉出。从正面看像是"×"，线是交叉着的。

5　在床面将线打结，剪掉多余部分线头。

6　在打结部位涂抹少量黏合剂并将线固定。重复此步骤，将4个部位缝合。另一边的半圆也以此做法加工。

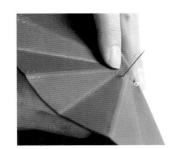

7　四个部位都缝合完毕后，在向内折弯部位之间将零钱包和间隔片分别夹入缝上。首先将线从A的床面拉出。

8　缝的顺序按照步骤1~6的内容推进。将针穿进B到C之间零钱包下面的孔（圆圈）。

9　等到孔D后，再穿进D到A之间上面的孔（圆圈）。

10 按照步骤4的做法缝合。

11 最后从里面将线头打结剪掉，涂抹少量黏合剂后固定线头。

12 另一边也按照相同方法实施，缝到主体上。

13 将间隔片也从下面缝上。宽6mm的边是下边。

14 将零钱包也按照相同方法缝上。

15 将剩下的间隔片也缝上。零钱包可以按个人喜好变换位置。

16 将零钱包和间隔片的上部按照同底部相同的顺序缝合。

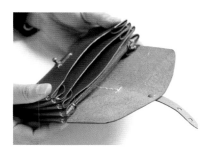

17 都缝纫完后，将伸缩部位压住，修整形状。

18 至此，伸缩式长款钱包就完成了。最开始用时，伸缩部位会有膨胀感，用一段时间后就会慢慢变服帖。

Fahmoh Studio

追 忆 百 年 历 史 的 古 排 屋 ，
见 证 静 谧 舒 适 的 咖 啡 屋 和 教 室

在距离奈良公园不太远的地方有一间由100年以上建筑史的古排屋所改装而来的皮革手工教室"Fahmoh Studio"。一层开设了一家名为"Chitehako Cafe"的咖啡店，给人一种舒缓的生活感觉。就像讲师岩井先生所说的那样，"沉稳、静谧的时间蔓延整个空间"。商标取自于"Father's Hand & Mother's Heart"的首字母，似乎是希望顾客的生活更加美满、幸福。

Fahmoh Studio 除了销售商品，还开设了学习皮革基本知识的手缝皮革课程。体验课程中，学员可以按照喜好从多数的项目中选择课题，花费 2～5 小时制作一件作品，并可以将作品带回家（详情参考博客）。因此，体验课程很受初次体验皮革手工人士的喜爱。"Chitehako Cafe"咖啡店也举行着各种活动，享受美食的时候顺便来试试怎么样？

a.一层咖啡店，二层教室。　b.二层教室的风景。　c.在咖啡屋也能够购买作品。　d.店主人岩井夫妻。在Chitehako Cafe能够品尝到岩井夫人的拿手料理。　e.举行展示会和活动。　f.Chitehako Cafe。店内准备了午餐、咖啡以及手工甜点。

Shop Data

〒 630-8113　日本奈良县奈良市法莲町 1232
电话&传真：0742-26-0669
博客：http://blog.goo.ne.jp/fahmoh_2010

长款褶皱皮钱包

成品的大小：高约9cm，宽约20.5cm

是用柔软的皱纹皮革制作的钱包，

展现出优美自然的气氛。

将拉链的拉头替换成喜好的样式，

能将皮革的质感点缀得更加突出。

制 作 的 流 程

以纸型为基础将所有的部片裁切加工并开孔。

在硬币兜的细长开口上组装拉链。

组装上卡套后，加工硬币兜。

在硬币兜上组装四个挡片。

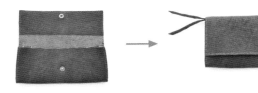

将硬币兜组装到主体上，做成钱包的形状。

打磨边缘，将拉头装到拉链上，完成褶皱皮革长款钱包的制作。

工 具 & 材 料

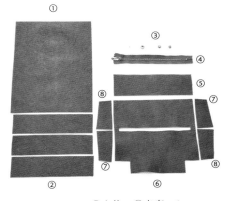

①主体　②卡套×3
③四合扣（大号）
④拉链（18cm）
⑤翻盖侧的兜片
⑥硬币兜　⑦左挡片×2
⑧右挡片×2　⑨隐形扣面

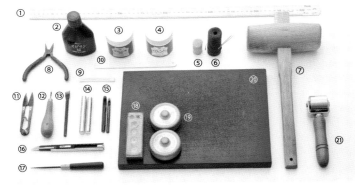

①直尺　②边缘用染料　③白胶　④床面处理剂（打磨剂）　⑤线蜡
⑥手缝线、手缝针　⑦木锤　⑧钳子　⑨棉棒　⑩上胶片　⑪切线剪刀
⑫菱锥　⑬菱斩（4齿，间距3mm）　⑭四合扣打具　⑮圆斩（直径2.4mm、
5.4mm）　⑯美工刀　⑰圆锥　⑱万用环状台　⑲镇纸　⑳橡胶板　㉑滚轮

● 使用的皮革

使用厚度约1.7mm的褶纹皮革。推荐使用具有弹力的柔软皮革。

①裁切皮革，准备部片

准备纸型，将使用的位置和孔加工好。
将纸型在皮革上描画完毕后仔细裁切。

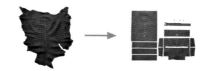

1　复印本书的纸型，在一面喷涂喷雾型胶水。

2　挑选适当的厚纸，将两者紧实无缝隙地贴到一起。

3　按照线条指示进行裁切。使用直尺进行辅助。

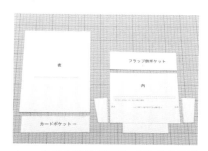

4　各部分都裁切好后，确认必要的部片是否已全部集齐。

5　使用菱斩在纸型上标注的位置开孔。如果没有符合孔间距的菱斩，可使用菱锥等工具一个个加工。

6　缝纫孔开好后的样子。重点是硬币兜和档部的孔。

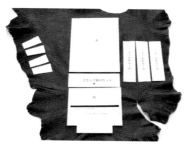

7　将裁切好的纸型放置到所使用的皮革上。注意在不要浪费皮子的同时，将同种类的部片放置到一起。

CHECK

皮革端部的纤维松弛，呈现波形。尽量避开使用该部位。

8　使用圆锥将纸型的轮廓描画到皮革上。用镇纸压住纸型，操作时不容易发生偏差。

9 使用圆锥穿刺缝纫孔的中心画印记。

10 按照印记裁切皮革。使用直尺辅助，谨慎裁切。

11 在硬币兜切口的周围画宽度为2mm左右的线，均匀加工缝纫孔。

12 开好缝纫孔后的样子。

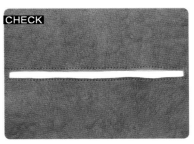

CHECK

确认切口周围的孔都是以相等间隔排列。

13 使用直径5.4mm的圆斩在翻盖一侧的兜上加工四合扣的组装孔。

14 将隐形扣面放置到万用环状台的平面侧，然后将翻盖一侧兜部打好的孔扣上去。

15 将母扣从孔的正面一侧插进去。隐形扣面的脚插入母扣孔的样子。

16 使用四合扣打具组装母扣和隐形扣面。

17 选用直径2.4mm的圆斩在主体上加工组装四合扣用的孔。

18 皮革厚度不够的话，公扣和底座会固定不结实。皮革较薄时在床面一侧夹入皮质垫片。

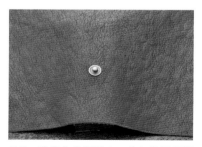

19 底座从床面插入，公扣从正面插入，放置到万用环状台的平面一侧。

20 使用四合扣打具组装公扣和底座。

21 将四合扣组装到了规定的位置上。

CHECK

隐形扣面和四合扣是分开销售的商品。想要将面盖隐藏起来时，使用将面盖做成平面的零件。

②将拉链装到硬币兜上

将拉链装到硬币兜上。考虑到一般人会使用右手拉开拉链，
因此，采用合上时拉头在左边的形式。

1　在硬币兜的床面，切口的两侧贴上暂时固定用的双面胶（4mm宽）。贴的时候为防止被针扎到，贴的位置距离缝纫孔稍微远一点。

2　将拉链放到下面，边确认左右的缝隙距离是否均等，边将拉链贴到切口上。

3　为了防止作业过程中出现偏差，用滚轮将其压接到一起。

4　因为要缝纫一圈，所以需要考虑从何处开始缝纫的问题。只要缝纫结束时的重叠针脚能够隐藏到床面不显眼的位置就可以。

5　平缝推进。注意不要在拉链的布料发生卷边或歪斜情况下缝纫。

6　缝回到最开始的孔后，重缝并将线头固定。

7　如果拉链上布料的长度超出端部，将多出来的部分剪掉。

8　使用打火机将布的切口部位轻微烧熔和整理，注意不要将布的切口弄绽线。

③将卡套安装到硬币兜上

将 3 张卡套分不同高度安装到硬币兜的表面一侧。
作业时注意缝纫位置和顺序。

1 　将下端兜片底部的贴合用线画好。先与主体的档部对齐，将线画到突出部分根部的位置。

2 　接下来，加工中间兜片下部的线。在距离步骤1的线条7mm处画线。

3 　然后，加工最上面兜片下部的线。在距离步骤2的线条7mm处画线。

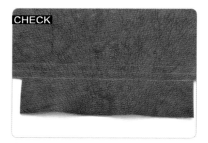

CHECK

像这样画3条平行的线。

4 　在上面兜片的底部和两侧涂抹白胶。3个兜片形状都是一样的，没有区别。

5 　与步骤3所画的线对齐，将上面的兜片贴上。两侧比硬币兜主体要短，将两边各空出4mm。

6 　在上面兜片的底部加工缝纫孔。加工时，左右两端不开孔，各预留10mm左右。

7 　倒针缝2针后继续缝合。

8 　缝到另一边后也倒针缝2针。

9　倒针缝后，将线头固定。

10　将中间的兜片与步骤2所画的线对齐并贴上，按照相同顺序缝纫。

11　将下面的兜片贴上。不需要缝合，直接跳到下一工序。

12　将直尺抵到兜上，推算出中央位置。

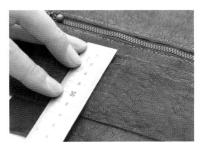

13　在3个兜片上，画一条通过中央点的竖线。下端20mm左右的距离不缝纫。

14　在画好的线上加工缝纫孔。注意不要画到兜部边缘。

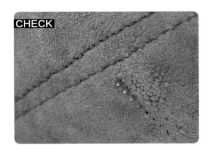

开孔加工时保证贯穿到床面。

15　两侧面也加工缝纫孔。侧面从上端到下端都要开孔。

16　将中间缝上。从上面开始缝到第三个针脚处倒针缝。兜部上端加强缝纫。

133

17 下部也倒针缝几针后将线头固定住。兜部只要分出左右就可以，没必要缝到最下面。

18 将两侧面缝合。兜口上部同中央部分一样加强缝纫。

19 在零钱兜的底部和两侧的床面上涂抹白胶。注意手跟前像舌头一样突出来的部分不用粘贴。

20 将硬币兜贴合成袋状。

21 在两侧面加工缝纫孔。加工时将最上面的孔与挡的高度对齐。只要将纸型上标注的26个孔都加工到相应位置就没有问题了。

22 同时在下面的兜片和硬币兜上开孔。左右端部预留出10mm左右，不用开孔。

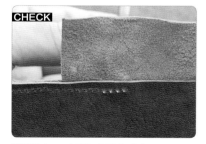

CHECK

缝纫孔加工时要彻底贯穿到床面。

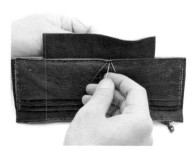

23 先缝底部。因为将两侧面同挡部一起缝，会在下一道工序中做解说。

④ 将挡片组装到硬币兜上

将 4 个挡片组装上，操作时注意朝向。

缝纫孔的位置在纸型上都有标注，注意硬币兜一侧多出一个孔。

1　对齐硬币兜两侧的孔在挡片的四周加工缝纫孔。挡片两侧比硬币兜两侧各少一个孔。

2　不需要进行粘贴固定，直接在对应的孔上穿针缝合。采用"右挡"和"左挡"将硬币兜夹住的形式。

3　从上部开始倒针缝2针。因为硬币兜比挡片多一个孔，所以第一针跨过挡片的边缘缝纫。

4　结束时下部同样跨过边缘倒针缝。

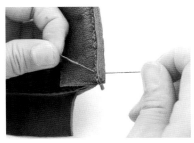

5　倒针缝2针后将线头固定。

6　两侧也同样组装上挡片。

⑤将硬币兜和主体 组装到一起

将 3 个部分组装成钱包的形状。
作业时将组装的朝向和位置以及缝纫顺序确认好。

1　将纸型对齐主体的床面，使用圆锥在硬币兜两端的组装位置穿刺加工印记。

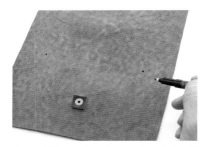

2　圆锥加工的印记不容易看出来，用笔将其涂写扩大。

3　在硬币兜突出部分的端部涂抹白胶，只涂抹正面。

4　将硬币兜与之前画好的印记对齐贴合，注意朝向。

5　使用滚轮等工具将其紧紧压接到一起。

6　在贴合部分的一端到另一端之间加工缝纫孔。

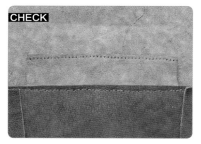

确认突出部分的外侧孔是否加工完毕。

7　缝纫起止处均倒针缝2针左右，将线从床面一侧拉出，在打结处涂抹少量的白胶。

8　将线打结拉紧，在根部剪掉线头。

9 在硬币兜手跟前一侧的档片端部涂抹白胶。注意只涂抹在床面侧。

10 将手跟前一侧的主体和端部涂抹白胶部分对齐贴合。

11 使用滚轮将贴合部位压接到一起。两端也按照同样方法贴合。

12 在档片的上下端之间加工缝纫孔。

13 倒针缝2针左右，缝第一针时跨过档部上端外侧的边。

CHECK

主体的翻盖侧还没有贴合，这样缝合后就形成袋子的形状了。

14 缝到下端后，再倒针缝2针并将线头固定。

15 在里面档片的端部上也涂抹黏合剂。

16 将档片由内向外折弯，然后将主体卷贴到档部。

17　将纸型上标注的"档片上端"以及"档片下端"的位置贴合到一起。

18　使用滚轮等工具压接贴合部位。

19　在手跟前的档片的上端到下端之间加工缝纫孔。

20　这边的档部也按照和手跟前的档片一样的方法缝合。

21　缝纫起止处均倒针缝，然后将线头固定。

CHECK

两侧缝完后，4个档片就都连接上了，主体也变成了袋子形状。

22　在翻盖侧的兜片两侧和底部涂抹白胶。注意与四合扣的组装位置距离较近的一侧是底部。

23　在主体的翻盖侧，将兜片对齐端角，贴合。

24　使用滚轮将其压接紧实。

25 翻盖兜部的缝纫孔因针脚和挡片是连在一起的，需要在挡片针孔的旁边开始开孔，另一侧也要在挡片旁边开孔。

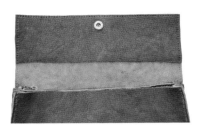

26 缝纫孔加工后的样子。开孔时注意不要切到翻盖兜部的端部。

27 此处缝纫时同样倒针缝2针左右再继续缝。此处与挡片的缝纫孔共用同一个端部。

28 结束时，缝到挡片的缝纫孔端，然后倒针缝。

29 倒针缝后将线从床面拉出打结，涂抹少量白胶。

30 将线结拉紧，固定后从线的根部剪掉线头。

31 使用滚轮压接缝合部位，将皮革上的针脚滚压服帖。

⑥打磨边缘，组装拉链拉头

将边缘打磨加工。虽然原装的拉链拉头也很好，但此处介绍将拉头替换成皮革条的方法。

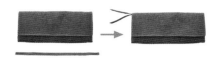

1 根据皮革的颜色判断是否使用染料。根据皮革正面的颜色，这里选用焦茶色。

2 使用棉棒蘸取染料并涂抹在边缘部位。素材和染料的性能不同，可能会产生斑点，因此要确认染色情况。

3 涂抹染料后，边缘颜色变得比正面颜色稍微深一点，感觉其氛围也发生了变化。

4 涂抹床面处理剂，加工边缘部位。使用棉棒等工具谨慎涂抹，注意不要沾染到银面和床面。

5 用手指将床面处理剂抹开。

6 使用钳子等工具将拉链原装的拉头卸下。

7 将8mm宽的D形金属环组装到拉锁环上，再裁切出长度约160mm的皮革，使用固定扣将其固定。

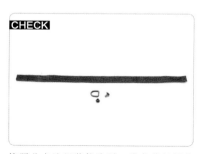

CHECK

按照此方法组装拉头时，准备裁切好的8mm×160mm的皮革、8mm宽的D形金属环和小号固定扣。

自然集合

温 柔 包 裹 着 时 光 的 皮 革 小 物 件 和
生 活 杂 货

销售原创的皮革小物件和丰富的生活杂货，这就是 Naturalset（自然集合）。

自然集合一开始是一家网络专门商店，它的商店主页设计精美，因此召集了大量粉丝。它的商品注重细节与做工，素材的质感十足，让顾客可以安心挑选。另外，为了满足客户"想要实际触摸"的心声，自然集合于 2012 年以实体试营店的形式开业，很受欢迎。

实体店不仅销售皮革小物件、装饰品、服装、杂货等丰富的原创商品，还排列着从国内外搜集到的简约温馨且洋溢着独特美感的杂货。

另外，在店铺主页上还开设有为直接满足客户需求的叫作"做这样的东西吧"的有趣企划栏目。请务必查看。

a. 坐落于浅草桥的实体店。白灰的墙壁上组装了装饰架，杂货被美好地展示出来，可以实际触摸到商品。　b. 原创装饰品。特点是采用天然石和珍珠等小巧的材质制作出的可爱小物件。种类丰富，让人眼花缭乱。　c. 极受欢迎的筒形笔袋。使用充分浸染油脂的皮革制作出来的作品有着无与伦比的质感风格。　d. 工作人员国武先生（制作男性皮革制品）和田村小姐（制作女性装饰品和布料制品）。原创商品的制作和销售全部由两人负责。　e. 能够代表舒适生活的优美餐具和食器等杂货。

Shop Data

〒 111-0053　日本东京都台东区浅草桥
5-2-2 铃和大厦 E 馆
电话：03-5825-4677
网址：http://www.naturalset.jp
营业时间：11:00 ～ 16:00
※ 每月第二个和第四个星期五、星期六营业
详情请至网站主页确认

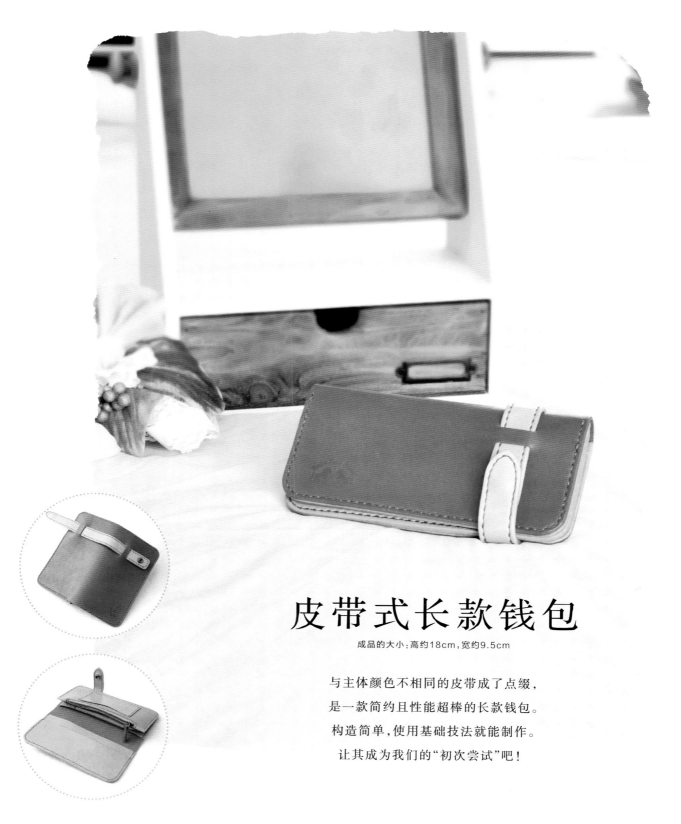

皮带式长款钱包

成品的大小：高约18cm，宽约9.5cm

与主体颜色不相同的皮带成了点缀，
是一款简约且性能超棒的长款钱包。
构造简单，使用基础技法就能制作。
让其成为我们的"初次尝试"吧！

参照纸型，裁切部片，加工
处理床面和一部分边缘。

分别组装钱夹和硬币兜。

将钱夹和硬币兜组合到一
起，制作内侧部片。

制作另一侧的兜。

将各个部分同主体组合到
一起，构成钱包的形状。

制作皮带。

将皮带装上，打磨加工边
缘。

工 具 & 材 料

①硬币兜 ②拉头 ③卡套 ④主体
⑤皮带 ⑥钱夹、兜上部 ⑦兜下部
⑧拉链(13cm) ⑨牛仔扣(中号)
⑩D形金属环(6mm宽)

● 使用的皮革

光滑牛皮。主体和皮带约厚
2mm，其余部分约厚1.2mm。另
外，只将主体选为不同颜色。

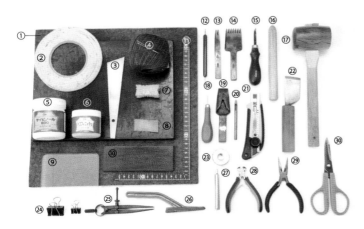

①橡胶板 ②双面胶（3mm宽） ③上胶片 ④手缝线、
手缝针 ⑤白胶 ⑥床面处理剂 （打磨剂） ⑦线蜡
⑧砂纸（#400） ⑨玻璃板 ⑩小橡胶板 ⑪曲尺
⑫铁笔 ⑬⑭菱斩（2齿、7齿，刃宽1.5mm，间距2.5mm）
⑮削边器 ⑯磨边器 ⑰木锤 ⑱圆锥 ⑲皮带斩
⑳圆斩（直径3mm） ㉑美工刀 ㉒裁皮刀 ㉓两用环状
台 ㉔长尾夹 ㉕间距规 ㉖三角研磨器 ㉗牛仔扣打
具 ㉘老虎钳 ㉙尖嘴钳 ㉚剪刀

① 裁切部片，打磨床面和边缘

将部片按照纸型形状裁切好，在皮带以外部片的床面涂抹床面处理剂，
使用玻璃板将其打磨平整。另外，也提前打磨加工一部分边缘。

1　参照纸型将所有的部片裁切好。

2　使用上胶片等工具在床面薄薄地均匀涂抹一层床面处理剂。皮带是直接贴合的，不需要进行此项加工。

3　趁床面处理剂还未干透时，使用玻璃板将表面打磨平整。

4　只将下面"CHECK"中所指示部分的边缘部打磨加工。先用削边器对各部片进行倒角加工。

5　两侧都要倒角处理。

6　用砂纸继续修整边缘部位。

7　将床面处理剂涂在边缘部。注意不要沾到皮革表面。

8　使用磨边器打磨加工边缘。

CHECK

将以下所记部分的边缘预先加工好。

- 硬币兜长切口里面一侧
- 钱夹的上部边
- 兜上部的上边
- 兜下部的上边
- 卡套的外围一周

② 将拉链装到硬币兜上

将拉头替换成皮革部片的拉链组装到硬币兜上，
周围缝合固定。将拉链正确定位。

1　不使用拉链原装的拉头，使用老虎钳等工具将其切断去除。

2　将6mm宽的D形金属环，用尖嘴钳扭转开。

3　穿到拉链的滑扣内。

4　将裁切好的拉头穿进去，然后将D形金属环按原样恢复闭合。

5　在拉头的床面涂抹白胶。

6　将拉头对折贴合。

7　使用长尾夹等工具压住，防止其松动，等待白胶干透。

8　需要在拉头中间位置画线，将间距规设定成拉头一半的宽度（4mm）。

9　在拉头的中央画缝纫线迹。

10 在缝纫线迹上面开孔。

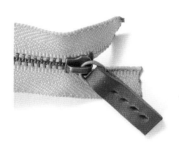

11 像这样开4个缝纫孔即可。

12 从靠近中间的孔开始缝纫，两端倒针缝。

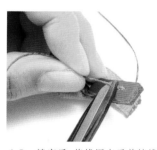

13 缝完后，将线固定后剪掉线头。

CHECK

拉链的拉头使用同主体相同的皮革能够统一格调。

14 在拉链表面一侧两个边分别贴上3mm宽的双面胶。

15 将间距规设定成3mm宽。

16 沿着硬币兜切口的里面一侧画一圈缝纫线迹。

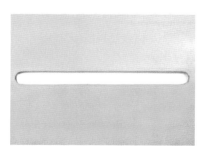

17 画线时注意弯曲部位距离边缘的尺寸要一致。

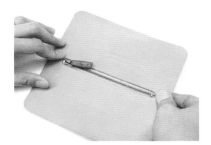

18　将双面胶的纸撕掉，拉链放置到下面，硬币兜覆盖到拉链的上面贴合。

19　在缝纫线迹上加工缝纫孔。

20　弯曲部位使用2齿菱斩加工，调整好间隔再打孔。

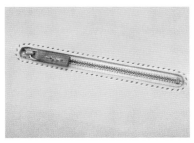

21　像这样将缝纫孔间隔均等地加工好。

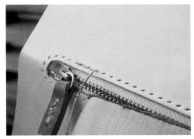

22　拉链为右手开合，该图上侧是里面。从里面开始缝纫的话接缝不会太显眼。

23　缝纫拉链外周。

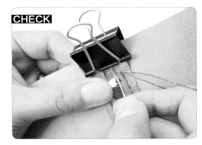

CHECK

缝合端部时，可使用长尾夹等工具将拉链固定住。

24　缝纫结束时多缝几针，加强强度，将线头固定。

25　将线从床面拉出，从根部剪切。

③ 将卡套装到硬币兜上

在硬币兜的前面装上卡套，在周围涂抹白胶后贴合成袋的形状。

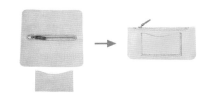

1　将硬币兜对齐到纸型上，将兜的组装位置标示的2个点画到兜上。注意需要画印记的是手跟前的一面。

2　在卡套的两侧和底部贴上暂时固定用的双面胶。

3　对齐组装位置，将卡套贴上。

4　将间距规设定成3mm。

5　在卡套的3个边上画上缝纫线迹。

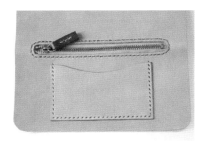

6　在缝纫线迹上开缝纫孔。开孔时调整间距，保证角部有孔。

CHECK

卡套口两侧部分开孔时都在外侧多加工1个孔。

7　从第二个孔开始缝纫。

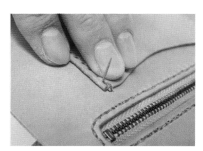

8　先倒针缝回卡套外侧。缝2层能加强卡套口的强度。

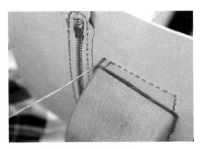

9 　按照平缝的方式推进。

10 　结尾处也倒针缝到外侧，进行加强。

11 　将线固定，剪掉线头，卡套的组装工序就结束了。

12 　在硬币兜内侧的周边涂抹白胶。

13 　将端部对齐折弯并贴合。

14 　将一侧用长尾夹等工具夹住，另一侧贴合。

15 　贴合好后的部位用长尾夹夹住。

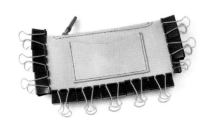

16 　等待白胶干透。

④ 将钱夹部片缝合

将正面作为里面一侧重叠，中央部分缝合成兜的形状。
此步骤暂时固定时不使用黏合剂，只用长尾夹固定即可。

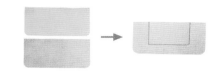

1　将其中1个钱夹的部片对齐到纸型上，将缝纫线迹交叉点的2个印记画上。

2　将2个印记连接到一起，然后冲着兜口方向垂直画线。

3　形成兜状的缝纫线迹。

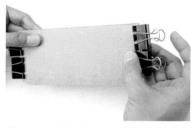

4　将正面作为里面与另一个钱夹的部片组合，用长尾夹将其固定。将边缘部位精确对齐。

5　在缝纫线迹上加工缝纫孔。

6　从端头的孔开始缝时，在端部先缝2针，做加强处理。

7　继续往下缝。

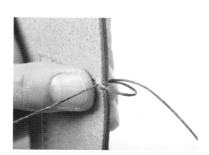

8　缝纫结尾处也同样在端部做加强处理。

9　倒针缝2针后将线固定并剪掉。

⑤将硬币兜和钱夹缝合，制作里面一侧的部片

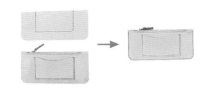

将钱夹的一侧同硬币兜缝合。夹上收缩构造的钱夹后，其收纳空间就增加了，硬币兜的开合也变得方便了。

1 　使用三角研磨器将硬币兜的边缘部位打磨平整。

2 　钱夹边缘也同样打磨平整。

3 　将钱夹与硬币兜内侧的面重合，将钱夹的端点位置标记在兜部上。

4 　以步骤3所画印记为起点，打磨正面需要贴合的部位。

5 　彻底打磨到另一侧的印记为止，将黏合部位的基底处理好。

6 　在钱夹兜口侧以外的3个边上涂抹白胶。

7 　将钱夹和硬币兜贴合。

8 　贴合好后用长尾夹固定。

9 　等待白胶干透。

10 再次使用三角研磨器将贴合好的边缘部打磨平整。

11 在硬币兜侧画缝纫线迹。画线范围到与里面一侧的钱夹端部汇合。

CHECK

开缝纫孔时注意不要加工到里面一侧的钱夹上，在缝隙内夹进小橡胶板作为铺垫。

12 在缝纫线迹上开缝纫孔。在钱夹的兜口外侧处开1个孔作为端头的孔。

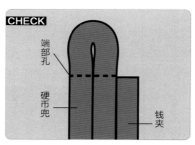

CHECK

端部孔

硬币兜

钱夹

检查开孔的位置穴。钱夹端部的外侧开第一个孔。

13 弧线部位使用2齿的菱斩开孔。

14 缝纫孔加工完成的样子。

15 从第二个孔开始缝，倒针缝1针将端部加强。

16 继续往下缝，缝到结尾处将线缝2层，加强强度，将线固定后剪掉。

⑥ 将上部、下部兜组合

将宽度不同的兜片贴合，将兜部做成2层。
预先将兜部上的黏合范围研磨加工好。

1　将下部兜与上部兜对齐重合，在其端角位置画印。

2　使用三角研磨器从画印处开始将需要黏合的地方进行打磨。

3　在黏合范围内涂抹白胶。

4　将上下兜贴合。

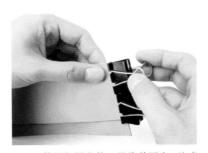

5　使用长尾夹等工具将其固定，注意不要错位。

6　等待黏合剂干透。

7　干透后，使用研磨器等工具将边缘部打磨平整。

⑦将硬币兜、兜部和主体缝合

在主体上加工好皮带贯穿用的切口，将其组装到一起。
注意各个部片的组装朝向。

1 　在主体部片上加工4个切口。先使用3mm的圆斩在两端开孔。

2 　使用美工刀将孔之间切开，将2个孔连接上。

3 　这样就加工出了端部细长的切口。

也可以使用皮带扣专用开孔工具（皮带斩）。如果使用该工具，选择21mm长的开孔器。

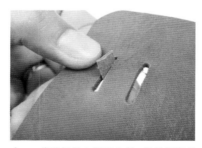

4 　将砂纸插入切口内侧，修整打磨其边缘。

5 　在钱夹的黏合范围内涂抹白胶。

6 　贴到主体上面。决定好贴的位置，不要弄错。

7 　贴合好后，使用长尾夹将其固定住。

8 　在兜部的黏合范围内涂抹白胶。

9 　贴到主体的另一侧。

10 　使用长尾夹将其固定住，等待白胶干透。

11 　干透后，使用研磨器将边缘部轻微打磨平整。

12 　在黏合范围的表面画缝纫线迹。先加工兜侧。加工时，在存在错位差的空隙处塞入零碎的皮革作为铺垫。

13 　在缝纫线迹上加工缝纫孔。加工时注意不要切到里面的边缘，开孔时跨过兜部的错位部。

14 　弧线部位使用2齿的菱斩开孔。

15 　钱夹侧也按照相同方法加工缝纫孔。

16 　兜部侧和钱夹侧黏合范围内的孔加工好的样子。

CHECK

加工钱夹侧的缝纫孔时，为避免打孔时将里面一侧的硬币兜也贯穿，在其之间放入小橡胶板作为铺垫。

17 将钱夹侧边缝上。从第二个针孔开始缝，先倒针缝，将端部缝两重，加强强度。

18 继续缝下去。

19 缝纫结尾处也要倒针缝，加强端部强度。

20 钱夹侧也同样在开始缝的端部缝两重，加强强度后继续缝。

21 但是跨过兜部的错位部分时，只将一侧的线缝两重。

22 缝到结尾处将线缝两重，加强强度。

CHECK

组装作业结束。开孔时，将孔的位置调整好，能使线迹更加整齐。

⑧ 制作皮带

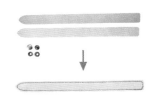

虽然皮带的 2 个部片形状一样，但要注意它们的开孔方法不一样。
作业时注意开孔以及缝合的顺序。

1　将其中一个皮带部片与纸型对齐，在尖头一侧将孔的位置复制上去。

2　使用3mm的圆斩开孔，将牛仔扣的面盖从床面插进去。

3　母扣从银面插入。注意不要弄错。

4　使用牛仔扣打具将牛仔扣组装上。

5　在皮带部片床面上涂抹白胶。

6　将2个皮带部片贴合。

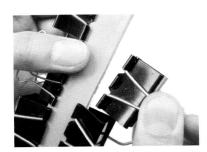

7　使用长尾夹等工具将其夹住，等待白胶干透。

8　干透后将长尾夹取下。牛仔扣的面盖被封到里面的样子。

9　使用三角研磨器将边缘轻微打磨。

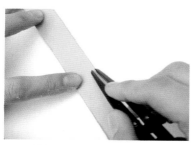

10 将间距规设定为3mm,在皮带的四周画缝纫线迹。

11 在缝纫线迹上开缝纫孔。

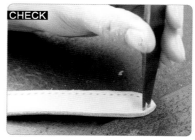

CHECK

尖头部位使用2齿的菱斩开孔。开孔时调整位置,务必在顶点开孔。

12 对齐纸型,在之前相反的一侧也画上孔的位置。

13 使用3mm的圆斩开孔。先不组装牛仔扣。

14 缝纫孔都开好后的样子。将间隔距离调整好,外观会很整齐。

15 需要缝纫一圈。从任何点开始缝都可以,完成一周后将线头藏附近就可以。

16 平缝推进。

17 缝到结尾处倒针缝2针,加强强度,然后将线头固定。

⑨整体组装，磨边处理

将主体和皮带的边部处理好后再组装，
然后将剩下的牛仔扣装到皮带上就完成了。

1　使用削边器将所有边角部位都做
　倒角处理。

2　处理表面的边角时，将零碎的皮革
　垫在存在高低差的部位下面。

3　使用砂纸修整边缘形状。

4　涂抹床面处理剂。不需要整体都
　涂，涂在接下来打磨的部位上。

5　用打磨器等工具打磨处理。

CHECK

钱夹和兜部之间的部分也要进行打磨处
理。

6　接下来，使用削边器将皮带的四周
　倒角处理。

7　修整边缘形状。

8　涂抹床面处理剂，打磨处理。

9 拉链拉头的边也需要倒角。

10 涂抹床面处理剂。

11 将皮带从没组装牛仔扣的一侧穿过主体的切口。

12 组装成尖头一侧稍微多出来一部分的样子。

13 将皮带扣上，确认位置。

14 确认其平衡性，将牛仔扣的底座从预先开好的组装孔的内侧穿进去。

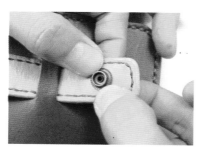

15 将公扣从正面插进去。

16 使用牛仔扣打具将其组装牢固。

17 将整体的形状整理后即完成。

Restive Hoese Ground

任凭烈马驰骋般的朦胧氛围
任凭时光流逝的工房

木质的沉稳内装，酿造出犹如置身于大自然牧场一般的朦胧氛围，这就是 Restive Hoese Ground。漫步在时光细缓流淌的工房中，观赏店内摆放的皮革小物件，能仔细地感受其自然的品质风格、原有的香气和手感以及皮革原有的魅力。

在店面内的工房里施展手腕的是店主山科先生。从皮革的挑选到缝纫、作品完成为止，一步步细致谨慎地进行作业的态度能够看出店铺那种精益求精的精神。

另外，店铺的 Logo 是两匹自由的马，还有象征着幸运和爱的按马蹄形排列的星星。这里面包含了祈祷人们幸福的愿望。

通过山科先生手工制作出的皮革小物件，能够感受到他的幸福祝愿。

a. 从东武东上线坂户站走几分钟就能到达本店。因为热爱自己的故乡，所以将店铺开在了自己出生成长的地方。　b. 店前面设置了画有特色 Logo 的商牌。　c. 直率地摆放着名片夹和钱包等各种各样的皮革小物件。珍惜自然皮革质量风格的沉稳氛围。　d. 自然颜色魅力的卡套，侧面的锁边是其最具魅力的地方。　e. 展示品也有效利用了木头和麻等自然品质风格的材料。　f. 挂件、钥匙圈、项链和手链等饰品中也能感受到店铺的氛围。除此之外，还有很多皮包。　g. 山科先生，能感觉到他具有同店铺一样开朗的品质。

Shop Data

〒 350-0233
日本埼玉县坂户市南町 31-1-101
电话 & 传真：049-282-8161
网址：http://www.restive.jp
营业时间：10:00 ~ 20:00
休息日：周三

L形拉链式长款钱包

成品的大小：高约9cm，宽约18cm

是用骆驼革制作的小型长款钱包。
装零钱的部分和主体的拉链呈现L字形状，
开口较大，使用方便。
装零钱的部分带有4个卡套。

制 作 的 流 程

打磨皮革的边缘和床面。

将卡套缝到零钱包上。

将零钱包对折，加工缝纫孔。

将拉链缝到零钱包上。

在主体上加工缝纫孔，调整
拉链的长度。

将拉链缝到主体上。

将主体和零钱包一侧缝合
后即完成。

工 具 & 材 料

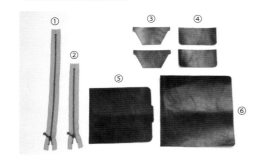

① 主体用拉链（30cm） ② 零钱包用拉链
（20cm） ③ 卡套（上）×2 ④ 卡套（下）×2
⑤ 零钱包 ⑥ 主体 ⑦ 拉头 ⑧ 皮绳 ⑨ 拉
链上止 ⑩ 串珠4个

● 使用的皮革

使用厚度为1.2mm的骆驼皮
（铬鞣革）。推荐使用具有张力
的皮革。

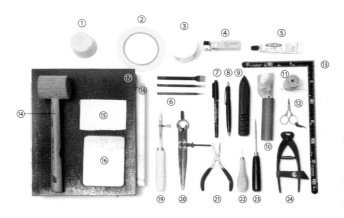

① 线蜡 ② 双面胶（2mm宽） ③ 床面处理剂（打磨剂）
④ 打火机 ⑤ 强力透明胶 ⑥ 菱斩（1齿、2齿、4齿，间距各
3mm） ⑦ 签字笔 ⑧ 银笔 ⑨ 木质打磨器 ⑩ 裁皮刀
⑪ 手缝线、手缝针 ⑫ 剪刀 ⑬ 曲尺 ⑭ 木锤 ⑮ 帆布
⑯ 玻璃板 ⑰ 橡胶板 ⑱ 大理石板 ⑲ 边线器 ⑳ 间距规
㉑ 尖嘴钳 ㉒ 圆锥 ㉓ 长锥子 ㉔ 老虎钳

① 基底处理

将所有部片的床面打磨加工。
边缘部在后续工序中会不方便打磨，所以先将其打磨加工。

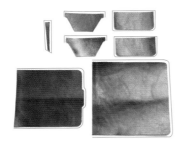

1　将所有部片的床面打磨加工。图中
红线部位需要打磨边缘。

2　在床面上涂抹床面处理剂，使用帆
布将其均匀抹开。

3　使用玻璃板对床面进行打磨。

4　在边缘部也涂抹少量床面处理剂，
使用帆布涂抹均匀。

5　用木质打磨器将其打磨光滑。

CHECK

该作品中的卡套部分压有火印。若持有火印或是刻印工具的话，一个步骤就可以加工上。
但若使用刻印的话，需要先将皮革的表面打湿。

② 缝上卡套

在零钱包上的 2 个部位缝上卡套。
缝第二个卡套时，重点是在旁边多开 1 个加强强度用的孔。

1 准备卡套和零钱包的部片。

2 如图所示在卡套的床面贴上双面胶。

3 参照纸型，用圆锥画上卡套的组装位置，对齐印记，将卡套贴上。

4 在卡套(上)的底部使用边线器画3mm宽的缝纫线迹。

5 沿着缝纫线迹，开缝纫孔。另一侧也贴上卡套并开孔。

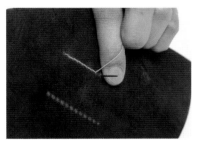

6 底部部分平缝处理。

7 最后倒针缝2针左右，将线头剪掉。

8 垫上帆布，使用木锤敲打针脚，使其服帖。

9 2个部位都按照相同方法缝合。

10　将卡套（下）与上面突出来的部位对齐贴合。

11　使用边线器在卡套的外围画缝纫线迹。

12　对齐缝纫线迹，加工缝纫孔。

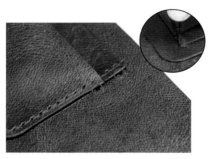

13　为了加强强度，在2个卡套第一个缝纫孔的正旁边使用1齿的菱斩各加工1个缝纫孔。

14　另一边同样也开孔。

15　从第二个孔开始缝，倒针缝回到第一个针孔，给端部加强强度。横向也缝两重，加强强度。

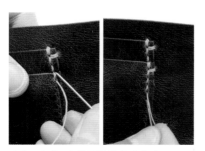

16　卡套2也以同样的方法缝合。

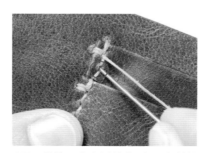

17　另外一边也同样在2个地方倒针缝，最后缝到第一个针孔下面，将线头剪掉。

18　将两处都缝上后，卡套的缝纫工序就结束了。

③ 加工主体的缝纫孔

在主体和零钱包的外围加工缝纫孔。
将主体上所开好的孔复制到两个需要缝合的侧面。

1 在主体和零钱包的外周加工缝纫孔。

2 在零钱包侧面以外的边上画宽度为3mm的缝纫线迹。

3 在突出来的部分上画线迹。

4 将零钱包对折、在突出部分开孔。弧线部位使用2齿的菱斩。

5 打开，在两侧分别加工缝纫孔。

6 零钱包外周加工完缝纫孔的样子。

7 在主体上面加工缝纫孔。在与零钱包缝合一侧的床面，使用间距规画宽度为10mm的线迹。

8 折弯画线部分，使用木锤敲打，制造折痕。

9 翻到正面，保持折弯状态，用边线器在侧面以外的外周画3mm宽的缝纫线迹。

10　使用菱斩沿着缝纫线迹加工缝纫孔。注意不要将菱斩的刃扣到皮革中断的地方。

11　在折弯边以外的外周加缝纫孔。

12　缝纫孔加工好后的样子。

13　使用间距规在折弯部分画宽度4mm的缝纫线迹。中心部位空出15mm距离不画。

14　与步骤10所加工的第一个孔对齐重合，开缝纫孔。

15　如图所示，将零钱包夹进主体折弯部分内，使用圆锥将步骤14主体所加工的孔的位置复制。

16　使用间距规沿着步骤15所画的印记画缝纫线迹。零钱包中心位置空出10mm距离不画线。

17　同主体相同，将菱斩穿进预先开好的第一个孔内进行开孔加工。

18　零钱包的缝纫孔都加工完的样子。

④缝上零钱包的拉链

零钱包上使用 14cm 长的拉链。
本次将介绍拉链拉头的编制方法，请将拉头替换成自己喜欢的样式。

1　替换拉链拉头时，需要将之前的拉链取下。取的时候使用老虎钳较为方便。

2　在拉链的布面侧边贴上双面胶。

3　将拉链的始点与零钱包突出来的部位对齐贴合。

4　将拉链沿着零钱包的曲线部贴合。

5　曲线部位使用圆锥等工具将拉链的布料部分挑出 3 个褶皱。

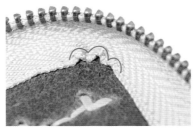

6　将褶皱均等布置成放射状，这能够消除布料的松弛，使外观变得漂亮。

7　从照片上的红色圆圈部位开始缝。

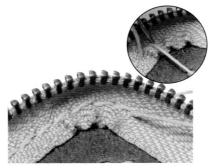

8　缝合曲线部位时注意不要将步骤 5、6 中所加工出来的山形褶皱破坏。

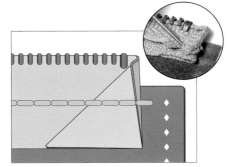

9　将端部残留的部分折成三角形缝纫。最后的 1 个孔留出不缝，倒针缝 2 针左右后将线头剪掉。

10 缝纫完毕后，垫上帆布，使用木锤敲打针脚，使其服帖。另一侧的拉链也按照同样方法贴合。

11 将拉链另一侧缝合。从突出来部分开始缝，将线跨到外侧。

12 在同一个针孔重新缝一遍，缝两重线加强强度。

13 将缝两重的线固定牢靠后继续平缝。

14 缝到突出部位后，将一侧的针从床面拉出，继续缝另一侧，最后布料部分按步骤9的方法处理。

15 编制拉链的拉头。将拉头部片穿过金属环。

16 竖向加工3个缝纫孔。

17 使用1根针缝纫。从第一个孔开始缝，在皮革两侧跨缝两重线，加强强度。

18 缝到最后的孔后，倒针缝回最开始的孔，然后将线头剪掉。

⑤ 调整拉链的长度

调整主体侧拉链的长度。

这项作业很常见，请务必尝试一下。

1 给拉链贴上双面胶，从主体对折部位开始，贴上拉链的起点端。

2 曲线部位同零钱包的贴合方式相同。

3 贴合后，拉链要比主体长一部分。

4 使用签字笔在拉链与主体折弯部对应位置的金属部分（拉链齿）上画印。

5 使用老虎钳等工具将步骤4所画印记的拉链齿剪断取下。

6 朝向外侧，继续去掉两个边上的拉链齿。

7 将拉链上止装上。这是为防止拉锁脱出去的扣具。

8 将拉链上止夹住布料，再用钳子将其固定住。

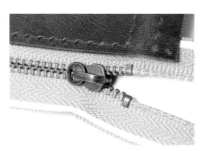

9 两侧相同位置都装上拉链上止后，长度调整工序就结束了。

⑥ 组装外侧拉链

调整完拉链长度后，使用相同的线将一圈缝合。

1　将拉链多余的布料，比主体的端部长出来的部分剪掉。

2　如果拉链的材质是尼龙的，使用打火机对剪切部位的绽线进行烘烤固定。

3　第一个孔预留不缝，从第二个孔开始平缝推进。拉链一开始的布料部位同零钱包一样折成三角形缝上。

4　缝到拉链一侧的端部为止。

5　将拉链的拉锁与主体对折的中心对齐缝纫。

6　将另一侧的拉链也贴合。将拉链先拉上再贴合，操作更方便。

7　拉链的端部从中心位置看的样子。将两侧的布料重叠后缝合。

8　拉链最后的布料部位也折成三角形缝上。倒针缝2针左右后将线头剪掉。

⑦ 将侧边缝合

缝合主体和零钱包的侧边。部分部位是 6 层重叠，
不方便缝纫的话，使用钳子等工具拔取缝纫针，操作会相对简便。

1　将缝好拉链的主体和零钱包缝合。

2　在零钱包床面的边上贴上双面胶。
　注意不要盖上缝纫孔。

3　将零钱包夹入主体。

4　将零钱包夹入主体的折痕之间并
　与之贴合。

5　此处是6层皮革的重叠部位，孔的
　位置发生偏差会导致无法缝纫。确
　认孔的位置再贴合。

6　为了避免对皮革造成损伤，将帆布
　垫到上面，再使用木锤敲击，重新
　制作折痕。

7　从下面开始缝纫。一下贯通有困难
　的话，可以一侧一侧地穿针。

8　将线在外侧缝两重，加强强度。

9　两侧拉紧线头，将线头固定。

10　下一个孔开始进行平缝缝纫。

11　最后也将线跨到外侧，缝两重加强
强度。倒针缝2针左右后将线头剪
掉。

12　这样主体部分就完成了。

13　最后，在主体的拉链上组装上同零
钱包所不同的拉头。准备纤细的皮
绳和串珠。

14　将皮绳对折后穿进拉锁的金属环
内。

15　将皮绳的另一侧穿过皮绳的环并
打结。

16　穿上喜欢的串珠后在端头打结。

17　至此L形拉链长款钱包就完成了。

HakasE

一 个 一 个 细 致 制 作 出 的
手 缝 线 迹 的 皮 革 小 物 件

　　"小时候我不是曾经被叫作昆虫博士吗？我希望自己能成为对皮革领域无所不知的博士。"告诉我们品牌名称由来的是 HakasE 的设计师森田小姐。除了皮革品牌 HakasE 以外，她还亲手设计并制作了饰品品牌"27/9"（Twenty seven Nine）。

　　受画家父亲的影响，森田小姐接触到艺术的机会非常多。从出生地纽约回到日本后就一直在精品店工作。为了学习制作自己本就感兴趣的皮革小物件，在修理手艺人的手下学习，于 2006 年成立了 HakasE 品牌。皮革小物件就如同她一样散发着独特的魅力。这些皮革小物件使用的是意大利 Lo Stivale 公司的 Bull Gano 皮革和很少流通的骆驼皮等讲究材料，并且设计优雅，做工精细，在实体店和网店都可以购买到。

a. 设计师森田 serina 小姐。森田小姐说如果自己制作的皮革小物件能够成为大家生活的一部分，她将会非常高兴。　b. 使用方便的长款钱包。装卡的部位一下就能打开。　c. 钱夹和零钱包分开的手拿包。　d. 圆圆的面包形状的"面包钱包"。　e. 带两个圈的钥匙链。其中一个可以取下来。

Shop Data
主页网址：
http://www.hakase-kyoto.com/home
网店网址：
http://www.hakase-kyoto.com/shop

著作权合同登记号：图字16-2014-198

Tenui De Chikuchiku Hajimete No Kawa No Osaihu

Copyright © STUDIO TAC CREATIVE 2013

All rights reserved.

First original Japanese edition published by STUDIO TAC CREATIVE CO., LTD.

Chinese (in simplified character only) translation rights arranged with STUDIO TAC CREATIVE CO., LTD., Japan.

 through CREEK & RIVER Co., Ltd. and CREEK & RIVER SHANGHAI Co., Ltd.

 Photographer：梶原崇　驹杵智子　佐佐木智雅　清水良太郎　关根统

图书在版编目（CIP）数据

　皮革工艺. 手缝皮钱包/日本STUDIO TAC CREATIVE 编辑部编；徐晓晴译.
—郑州：中原农民出版社，2017.2
　ISBN 978-7-5542-1408-4

　Ⅰ.①皮…　Ⅱ.①日…　②徐…　Ⅲ.①皮革制品—手工艺品—制作　②皮包—制作
Ⅳ.①TS973.5　②TS563.4

　中国版本图书馆CIP数据核字（2016）第319807号

出版：中原出版传媒集团　中原农民出版社

地址：郑州市经五路66号

邮编：450002

交流：QQ、微信号34213712

电话：15517171830　　0371-65788679

印刷：河南省瑞光印务股份有限公司

成品尺寸：202mm×257mm

印张：11

字数：176千字

版次：2017年3月第1版

印次：2017年3月第1次印刷

定价：68.00元